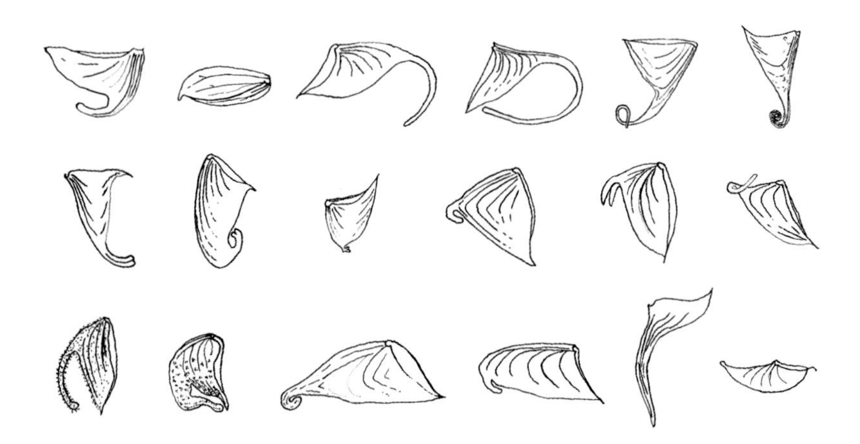

中国凤仙花

于胜祥 编著

图书在版编目（CIP）数据

中国凤仙花 / 于胜祥编著. — 北京：北京大学出版社, 2012.12
ISBN 978-7-301-20911-0

Ⅰ.①中…　Ⅱ.①于…　Ⅲ.①凤仙花—中国—图集　Ⅳ.①S681.1-64

中国版本图书馆CIP数据核字（2012）第142206号

书　　名：中国凤仙花
著作责任者：于胜祥　编著
策 划 编 辑：陈斌惠
责 任 编 辑：陈斌惠
标 准 书 号：ISBN 978-7-301-20911-0/N・0053
出 版 发 行：北京大学出版社
地　　址：北京市海淀区成府路205号 100871
网　　址：http://www.pup.cn
电 子 信 箱：zyjy@pup.cn
电　　话：邮购部 62752015　发行部 62750672　编辑部 62756923　出版部 62754962
印　刷　者：北京汇林印务有限公司
经　销　者：新华书店
720毫米×1020毫米　16开本　14印张　248千字
2012年12月第1版　　2012年12月第1次印刷
定　　价：54.00元

前　言

凤仙花科(Balsaminaceae)包括2属，即凤仙花属（*Impatiens*）和水角属（*Hydrocera*）。凤仙花属是凤仙花科的一个大属，约1000种，主要产于欧亚大陆的热带、亚热带山区及热带非洲，少数种类产于欧亚大陆的温带及北美洲。凤仙花科是一个相当自然的小科，只是因为科内有一个多样化显著的大属——凤仙花属，从而使得该科的分类处理十分困难。

凤仙花属在植物分类学上是一个十分困难的类群。原因在于该属植物的形态变异极为复杂，而分类上有价值的性状仅仅依靠腊叶标本根本无法完全获取，只有通过大量的野外观察才能掌握其形态性状的变异规律，从而做出正确的分类学处理。这为该属植物的研究工作平添了许多困难，致使目前还没有一个相对合理的属下分类系统，且仍有不少分类学问题需要解决。

我国有凤仙花科植物270余种，主要分布在西南地区，绝大多数种类为狭域分布的特有种，尤其是滇黔桂等石灰岩地区的特有现象更为显著。深入开展凤仙花的调查与研究对于解决现存的分类学问题以及推动生物多样性的保护与持续利用具有重要意义！

本书是在北京大学出版社的支持下出版的，旨在通过选取国产凤仙花代表种，以简明扼要的文字，较为全面地向读者介绍中国凤仙花属植物。全书分七章，前六章主要介绍凤仙花的研究历史、地理分布、野外考察及采集、形态特征、分类处理等；第七章主要介绍国产凤仙花属代表植物，选取130余种进行叙述，每种植物包括简要的形态描述、地理分布、生境、物候、彩色图片等信息，所选种类包含国产凤仙花的各种演化类型。书中照片除已标注拍摄者外，其他照

片均为作者自己拍摄。

书中所涉及种类较多，而且凤仙花的变异复杂，标本与新鲜植物的形态性状相差很大，分类更加困难，再者笔者业务水平有限，缺点错误在所难免，谨请海内外读者在使用过程中提出宝贵意见，以便我们再版时修订！

作者 谨识

2012年4月于北京香山

目　录

第一章　凤仙花概述 …… 1

第二章　凤仙花的地理分布格局 …… 9

第三章　凤仙花的野外考察 …… 19

第四章　凤仙花标本的采集与制作 …… 31

第五章　凤仙花的形态特征 …… 41

第六章　凤仙花的分类学处理 …… 59

第七章　主要凤仙花属植物 …… 71

中文名索引 …… 207

拉丁名索引 …… 210

参考文献 …… 213

致谢 …… 215

麻栗坡凤仙花 (*Impatiens malipoensis*)

第一章

凤仙花概述

凤仙花，花如其名。清代康熙皇帝命内阁学士汪灏等撰成的《广群芳谱》（图1.1）记述凤仙："桠间开花，头翅尾足俱翘然如凤状，故又有金凤之名。"其在百花中的地位虽不比梅、兰、竹、菊、牡丹和芍药，甚至曾被苏门四学士之一的张耒贬为"菊婢"，但凤仙花以其顽强的生命力和独特的风姿赢得了人们的喜爱。自古以来总有爱花之人对凤仙花情有独钟，更有文人不吝笔墨吟咏凤仙。唐代诗人李贺在《宫娃歌》中写道："蜡光高悬照纱空，花房夜捣红守宫"，又吴仁壁有咏《凤仙花》："此际最宜何处看，朝阳初上碧梧枝"，再如宋代杨万里的《凤仙花》："细看金凤小花丛，费尽司花染作工"。此外，元代杨维桢、明代瞿佑、清代刘灏等均有以凤仙花为题的诗句。

图1.1 《广群芳谱》

凤仙花极易成活，民间栽培非常普遍。明代朱元璋第五子朱橚组织编写的《救荒本草》中收录凤仙花（小桃红）（图1.2）曾云"人家园圃多种，今处处有之"。《广

群芳谱》中亦云“人家多种之，极易生。二月下子，随时可再种。即冬月严寒，种之火坑，亦生苗”。

凤仙花为人们所喜爱的另一重要原因是它有染指甲的功效。用凤仙花染指甲的风俗由来已久。宋代周密所撰《癸辛杂识续集》中载有以凤仙花染指甲之法：将红色或紫红色的凤仙花花瓣捣烂，加入适量食盐或明矾混均，蘸取适量涂于指甲上，用布片或植物叶片包好，一段时间后就染好了，其色若胭脂，洗涤不去，可经数月。所以凤仙花又名指甲花。

图1.2 《救荒本草》所载凤仙花

凤仙花的果实亦很特别：成熟果实稍遇外力便弹裂开来。喷洒出去的种子，散落于周围，第二年就会长出一棵一棵的凤仙花，以此“扩充地盘”，延续后代。凤仙花的拉丁名为*Impatiens*（意思是没有耐心的），英文名为Touch-me-not（别碰我）。中医上，其种子入药，称“急性子”，皆源于此。

中国古代很多本草文献都曾记载凤仙花的形态和药用功效。除前面提到的《广群芳谱》和《救荒本草》外，还有布衣科学家兰茂编写的《滇南本草》、王象晋的农学巨著《二如亭群芳谱》（《群芳谱》）、著名医药学家李时珍所编《本草纲目》等。依据现有的植物分类学知识，可以顺利地考证出《救荒本草》中的“小桃红”和《广群芳谱》中的“凤仙”就是我们今天常见的栽培种凤仙花（*Impatiens balsamina*）。《滇南本草》中记载“水金凤，味辛，性寒。洗湿、筋骨疼痛、疥癞癣疮”。此处的“水金凤”实为滇水金凤（*Impatiens uliginosa*）。在《本草纲目》、《草本便方》、《江西民间草药》等本草志书中都记载了凤仙花的药用功效，其茎被称为“凤仙透骨草”，种子称“急性子”，主要有清热解毒、止痛消肿、祛风除湿、舒筋活血、消痰散瘀等功效，对风湿疼痛、四肢麻木、月经不调、风湿性关节炎、跌打损伤、恶疮毒痈、毒蛇咬伤等有一定疗效。另外，该属的许多其他种类也可入药。

凤仙花花形奇特（图1.3），花期长，古人已经关注其观赏价值。清人赵学敏所著《凤仙谱》是一本颇具园艺特色的著作。在赵学敏的眼中，其他草花如罂粟、虞美人、鸡冠花等，“或失之期短，或失之质陋，然凤仙无二者之病，故当为著专谱”，可见其对凤仙的喜爱之情。谱中记述凤仙花180余种，以颜色为纲分为12类，并详细阐述了“凤仙”的名义，全面介绍了凤仙花的种艺、灌溉、收采、医

图1.3 姿态各异的凤仙花

花、除虫及备药等方面的内容。现代园艺学研究人员对其收录凤仙花品类之多亦叹为观止。然纵览全书所收植物种类，从其形态特征和习性判断，大多数种类与现代植物学凤仙花的界定相去甚远，可以断定并非全是凤仙花属植物。《凤仙谱》虽以“凤仙”为名，但所记述种类已远远超出了凤仙花的范畴。

我国是世界5个凤仙花多样性分布中心之一，凤仙花属植物种质资源极为丰富，据陈艺林（2001）记载，约220种。但近年来随着野外调查工作的不断深入，不少新种被发表。据初步统计，国产凤仙花已超过270种，特有性高、花色艳丽、花期长，很多种类具有较高的园艺价值。

然而从目前国内外花卉市场上出售的凤仙花来看，栽培品种主要来自欧美地区，如荷兰的育种与繁育中心推出的Impulse、花叶凤仙花等，美国Panleche Ranch公司推出的重瓣凤仙花（图1.4），日本推出的新几内亚凤仙花矮性盆栽品种以及原产非洲现国内广泛栽培的苏丹凤仙，又名玻璃翠（图1.5），而我国国内常见栽培的除了被栽培了上千年的原产印度的凤仙花（*Impatiens balsamina*）之

图1.4 重瓣凤仙花（*Impatiens balsamina*）

图1.5 苏丹凤仙（玻璃翠）（*Impatiens walleriana*）

外，几乎看不到其他品种。虽然古籍《广群芳谱》中早有栽培凤仙花作为观赏花卉的记载，但目前我国在凤仙花育种方面的研究与国外相比明显滞后。值得庆幸的是，近年来，随着人工育种以及太空诱变等技术的应用，中国学者已陆续有成功育种的报道。

其实我国凤仙花在花卉栽培育种方面有巨大的优势和潜力。第一，野生种类极为丰富，有270余种。第二，生境极为多样，如海拔不同，从低海拔到3500米以下均有分布；气候带不同，从寒温带到热带均有生长；土壤生境不同，酸性土、碱性钙质土均能适应。第三，凤仙花自身的生活型也不同，有多年生的、一年生的、草本的、灌木状草本的。第四，演化式样丰富，从花序类型来看，有总状花序的、伞形花序的、蝎尾状花序的、两花或单花的，花的大小、颜色、形状等均有明显差异；从花期来看，有早春开花的、夏秋开花的、秋天开花的。凤仙花的另一优点是十分便于管理。不管是温室还是户外的花坪上，只要有适量水分和适当肥料，绝大

多数种类都能够生长良好。

如果园艺学者与植物分类学者结合起来，针对我国凤仙花属植物的特点，从凤仙花属植物的性状改良，如株型、花色、花形、花期以及花朵的数目等方面开展深入的研究，并采用杂交育种、分子育种以及诱变育种等技术，培育出符合国人乃至其他地区人们观赏价值的新品种，并不是遥远的事情。

凤仙花的现代植物学研究始于瑞典植物学家林奈（Linnaeus），他于1753年建立了凤仙花属。随后一百余年一直没有学者再对其开展相关研究。随着研究材料的积累，直至1859年J. D. Hooker & T. Thomson对印度产凤仙花属植物进行了较为系统的研究，再次揭开了凤仙花分类学研究的序幕，并提出了该属植物的第一个属下分类系统，首先根据花序式样和花的数目等性状提出了凤仙花属分类总览，在属下划分为7个组，但后来由于性状出现了交叉，使得一些种类难于处理。后来J. D. Hooker对非洲、中国和中南半岛等地的凤仙花均做过较为深入的研究。英国人C. Grey-Wilson在1980年出版的 *Impatiens of Africa* 中报道了凤仙花属植物109种。为了便于应用与检索，他将非洲产种类分为6个组，从凤仙花属植物的形态学、传粉生物学、生态学、植物地理学及种间杂种等方面全面系统地研究了整个非洲的凤仙花属植物，并有分种检索表及对非洲所产种类的系统处理 (Grey-Wilson1980)。20世纪中后期，日本人Shimizu比较系统全面地研究了泰国的凤仙花，尤其是石灰岩地区的种类，对泰国及马来半岛地区凤仙花的分类及地理学进行了报道，并辅以种子证据，依据叶序和花序式样对该地区凤仙花的属下分类进行了探讨，共分为8个组。这样的划分对于当地凤仙花属植物的鉴定与检索比较方便，但对整个凤仙花属来讲，就显得有些繁琐了。

我国凤仙花属植物的研究，自J. D. Hooker（1908-1911）以来的半个多世纪，没人做过认真系统的整理。20世纪中叶以来，国家自然科学基金重大项目《中国植物志》开始编纂，我国植物分类学家陈艺林自20世纪70年代以来一直从事中国凤仙花的分类学研究，经过系统全面地研究凤仙花馆藏标本，最终于2001年出版了《中国植物志》（第47卷第2分册），记载国产凤仙花220多种，可以说是中国凤仙花属植物研究的重要里程碑。

当然，在这期间不少学者对中国凤仙花属植物开展过研究，比较具有代表性的是日本学者秋山忍（Shinobu Akiyama）等人（1992，1995，2000，2002）。秋山忍等自1990年以来对喜马拉雅地区的凤仙花属植物进行了大量的考察，先是在尼泊尔，后来到中国的云南等地，并发表有关中国凤仙花的多篇文章。此外，国内不少学者也对凤仙花开展过一些研究，但多半集中在发表新种等方面，研究工作相对零星。

近年来，笔者进行了凤仙花的分类学研究。以居群思想为指导，开展了大量的野外考察，基于宏观形态性状、微形态、孢粉学以及分子证据的研究结果，初步解决了一些种的分类学问题，进一步澄清了各类群之间的演化关系，提出了中国凤仙花的属下分类系统，为进一步研究凤仙花属植物奠定了基础。

华凤仙 (*Impatiens chinensis*)

第二章

凤仙花的地理分布格局

凤仙花科（Balsaminaceae）包括2属，其中凤仙花属是一个超过1000种的大属，广布于北半球，主要分布在热带和亚热带地区。全世界有5个多样性中心：热带非洲大陆（110种）、马达加斯加（170~190种）、印度南部及斯里兰卡（150种）、东喜马拉雅山地（120种）和中国西南地区及广义东南亚（300种）（Song et al. 2003）。

我国有凤仙花属植物270余种，全国各地均有分布，但绝大多数种类集中在西

图2.1 喀斯特地貌

南地区，如云南、四川、西藏和贵州等地，其中240余种为中国特有，且多为某个狭域的特有种，如《中国植物志》所记载云南分布的64种中有51种为云南特有，四川峨眉山分布的14种中有12种为当地特有。而滇黔桂等石灰岩地区特有现象更为显著（陈艺林1978，2001），凤仙花属植物特有性之高，堪称“一山一种、一洞一种、一弄一种”（弄，即石灰岩地区由几座石山围成的小盆地）。该地区的特色在于独特的喀斯特地貌（图2.1），由于石灰岩地区凤仙花科植物形态独特，空间结构精巧，性状变异复杂，且性状之间缺少相关性，更兼受边缘效应和小生境变化的影响而分化强烈，在长期的演化过程中形成了一群石灰岩山地的专性特有种类，其形态与近缘种差别明显，有些种类竟长成多年生的灌木状草本（图2.2），这对植株全为草本的凤仙花属来讲显得尤其特殊。

图2.2 喀斯特地区干旱环境中多年生灌木状的棱茎凤仙花（*I. angulata*）

为了更形象地反映中国凤仙花的地理分布状况，笔者基于中国数字标本馆（http://www.cvh.org.cn）凤仙花标本的地理分布信息，对凤仙花在中国的地理分布状况初步做出了分布示意图（图2.3，2.4），地图上点的数量代表凤仙花标本数量的

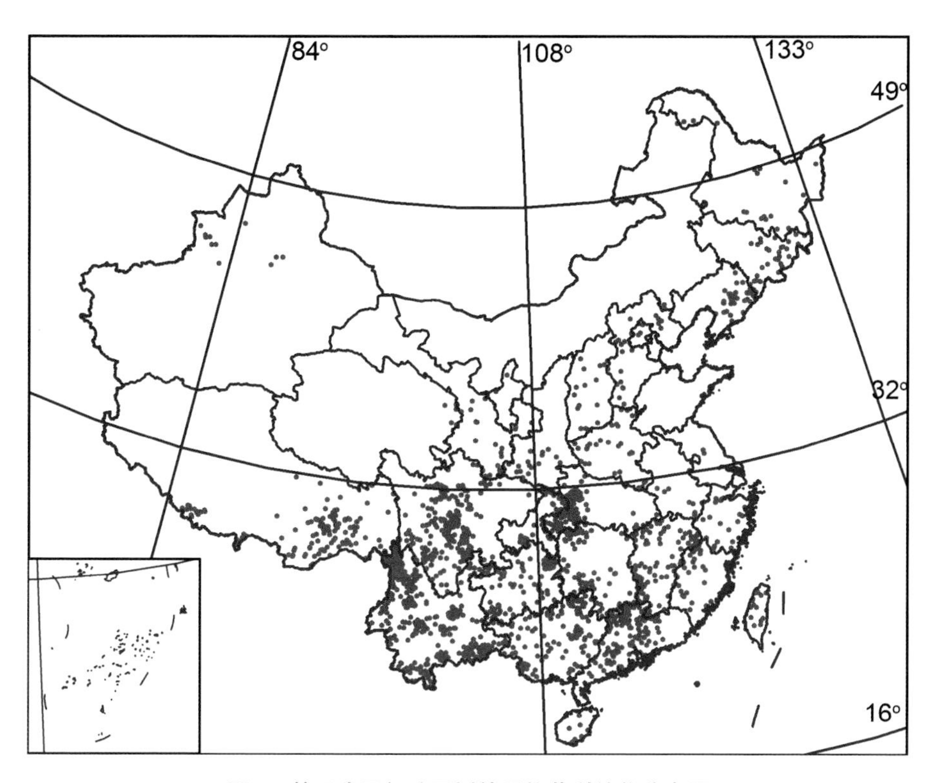

图2.3 基于我国行政区划的凤仙花科植物分布图

图2.4 基于我国地形的凤仙花科植物分布图

多少。从分布图看，辽宁、吉林等地的点密度较大，但实际上该地区的凤仙花种类并不多，分布图反映的是该地区凤仙花的标本数量比较多，也就是说，前人在此的采集力度比较大；其他地方点的密度基本上能够同时反映标本和种类数量的多少。

从图可以看出，中国凤仙花科植物主产于我国南部，尤其是西南地区最为集中。我国北方，尤其是西北地区，凤仙花的种类相对较少。凤仙花种类相对集中的省份有云南、西藏及四川，其种类最为丰富。据笔者考察，云南的种类应超过110种，而西藏和四川的种类也应在100种以上。另外渝东、鄂西交界处、桂东北、湘西南、粤西北以及赣西南一带的凤仙花种类多样性也比较高。

凤仙花在青藏高原东部以及东南部的种类十分丰富，即主产于西南地区海拔800~2500米之间第一阶梯和第二阶梯的过渡带，如横断山区的种类异常丰富；而第三阶梯的种类相对较少，且主产于华南及华东地区。

近年来，随着野外调查工作的不断深入，不少新的种类相继被发现。从国内不同省份凤仙花属植物种类数目变化来看，广西、云南和四川等省份变化最为显著。由于缺乏系统的调查研究工作，以前广西境内的凤仙花种类记录不全或很少提及，《广西植物志》（韦发南 1991）第一卷中仅记载了9种凤仙花，陈艺林（2001）在《中国植物志》中记载广西凤仙花属植物14种1变种，而据笔者统计，目前广西凤仙花属植物有44种6变种（于胜祥 2008）。

除了凤仙花在国内分布外，结合其形态、微形态及分子性状再次对凤仙花的地理分布格局进行分析研究也有些意外的发现。在此笔者仅依据形态性状的心皮数目（4心皮或5心皮）以及子房每室胚珠的数目来分析凤仙花形态性状与地理分布的关系。心皮的数目以及子房每室胚珠的数目是两个十分重要的分类学性状，但在以往的研究中被忽视了。笔者基于大量的标本查阅和野外调查，认为以上两个形态性状十分稳定而且与凤仙花的地理分布有很强的相关性，可作为凤仙花分类处理的重要依据。如图所示（图2.5），4心皮的种类（包括每室1枚胚珠和每室多枚胚珠的种类）主产华南地区，虽然有个别种类辐射到了华中一带；但5心皮的种类的分布区相对比较宽泛（图2.6）。而具4心皮、翼瓣联合的种类，则仅产于华南的石灰岩地区。

除了地理分布，凤仙花的生境也很特别。由于凤仙花的植株肉质、多汁，含水量大，所以凤仙花对生境要求也非常严格，通常生长在降雨量大或湿度高的森林、

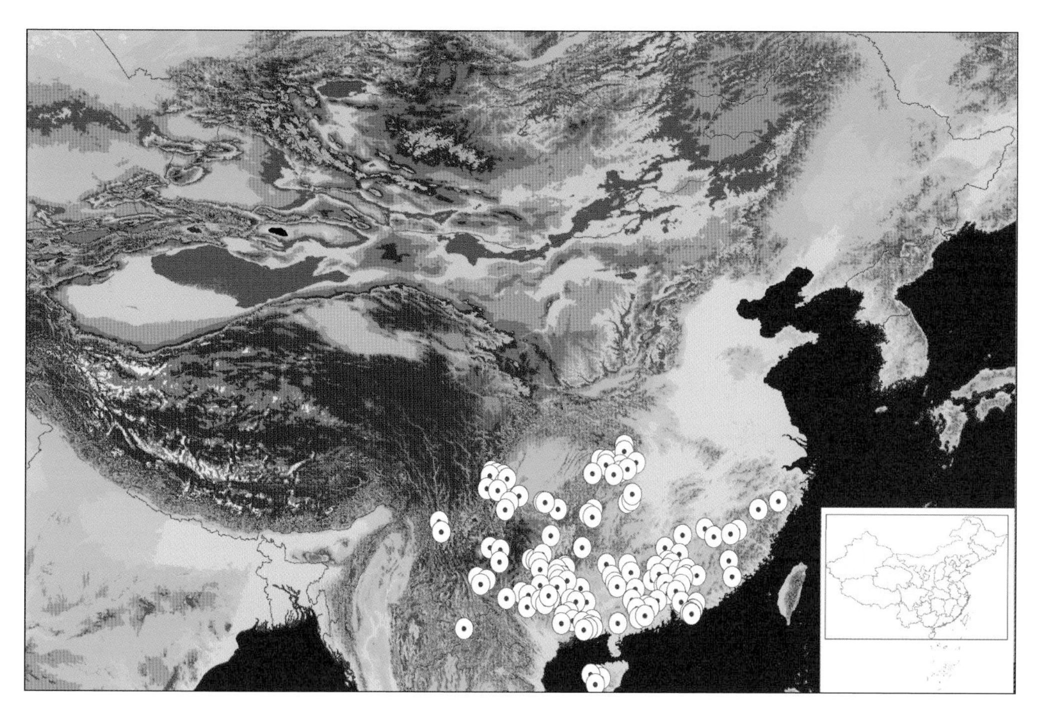

图2.5 4心皮凤仙花种类分布示意图

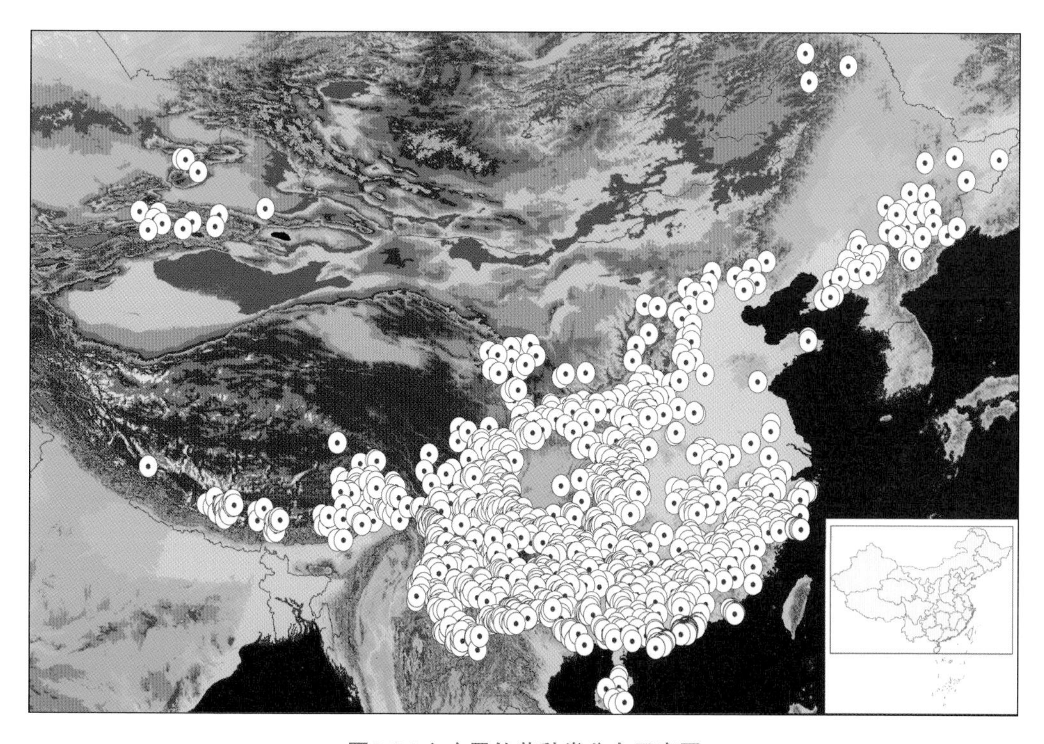

图2.6 5心皮凤仙花种类分布示意图

林缘、山谷阴湿处、河岸、溪流和湖边湿洼地等（图2.7）。不同生境下的凤仙花其形态特征也存在明显不同，尤其是根和茎的形态差异十分显著。

生长于林下比较阴湿的生境的种类，其叶片比较薄，根系特化不明显，通常以一种凤仙花组成的单一居群的形式出现，这可能对凤仙花在群落中的竞争有帮助（图2.8）。当然这样的种类有时也会出现在林缘，如棒凤仙花和大旗瓣凤仙花（图2.9）。

我国滇黔桂石灰岩地区，虽地处热带亚热带季风气候带，气候湿润、雨量充沛，但独特的喀斯特地区降水量高，蒸发量大，而储水能力弱，尤其是喀斯特地区的裸岩带上，甚至是同一天的不同时间干湿度的变化也非常明显。按照植物在石灰岩地区的分布及生境情况可分为两种类型：阴湿生境的种类和干旱生境的种类。

阴湿生境的种类，根茎一般较细嫩，含水量也比较多，耐旱性极差，水分稍有不足植株便蔫枯。石灰岩山地的大部分种类为该种类型，如龙州凤仙花（图2.10）。

图2.7 鸭跖草状凤仙花（*Impatiens commellinoides*）生境（梁同军摄）

图2.8 林下的金凤花（*Impatiens cyathiflora*）（何顺志摄）

图2.9 野生于路边的大旗瓣凤仙花（*Impatiens macrovexilla*），俨然人工栽培一般（徐克学摄）

图2.10 阴湿生境下的石灰岩地区凤仙花——龙州凤仙花（*Impatiens morsei*）

图2.11 干旱生境下的石灰岩地区凤仙花——凭祥凤仙花（*Impatiens pingxiangensis*）

A. 植株；B. 茎基部；C. 花枝；D. 花的正面观；E. 花的侧面观；F. 果实形态

生长于喀斯特地区干旱生境的种类，其根或茎较为粗壮，有时体内含油质，可以减缓水分的散失，从而确保能在极端环境下生存。如凭祥凤仙花（图2.11）是笔者2004年在广西野外考察时发现的，为多年生灌木状草本植物。在光秃的石灰岩山地上生长着一棵棵灌木状的凤仙花，显得十分独特，别具一格。无独有偶，2007年笔者收到来自云南省思茅林业局叶德平所拍摄的另一种凤仙花照片，经鉴定，该凤仙花为泰凤仙花（*I. kerriae*），也是灌木状草本植物。以前仅记载泰国有分布，而在中国则为新记录，生长于思茅地区的石灰岩山地。

柔毛凤仙花 (*Impatiens puberula* DC.)

第三章

凤仙花的野外考察

如果对植物野外考察工作完全不了解，会很容易认为这是到处旅游的好机会，植物学工作者经常因此而被人羡慕。然而如果对这种野外考察工作的艰辛稍有了解，便会心生敬畏。且不说在考察途中可能遇到的各种困难与危险，仅体力一项就是一个巨大的考验。健康的身体和清醒的头脑是进行野外考察工作最基本的条件，

图3.1 藏南凤仙花（*Impatiens serrata*）生境（杨奕绯摄）

图3.2 绿萼凤仙花（*Impatiens chlorosepala*）生境

但是如果对植物没有极大的兴趣也是很难坚持下来的。兴趣所致，当然会有快乐。在生长着成千上万种植物的山林中找到自己要采的那一种，其快乐自不用说；同时还可以趁机近距离地欣赏祖国的大好山河，体味不同民族的人文风情，品尝不可多得的人间美味（图3.1，3.2）。所以对大多数植物学工作者来说，野外考察工作虽然辛苦，但亦让人期待。

一、准备工作

在野外凤仙花多以居群形式存在。故一旦找到一棵凤仙花，就很可能在其周围发现一片，因此要在野外采集凤仙花并非难事。但是由于凤仙花植株内水分多，很难在短时间内压干，所以给标本制作带来了极大不便。很多跑野外的人常说："凤仙花我从来都不采，采了也不压，压了也会烂，所以干脆就不采啦。"鉴于这种情况，到野外采集凤仙花，准备工作要做得充分。

第一，明确野外考察目的。考察之前进行标本、文献的查阅是十分必要的。通过前期准备工作明确考察中要解决的问题，如考察的种类、分布范围、准备采集的样品等。

第二，安排野外考察时间。考察的时间安排要依据所采植物的生长周期。不同种类的生长季不同，如有些植物早春开花，有些植物夏季或秋季开花。正确选择开展野外考察的时间对于考察的收获具有重要影响。凤仙花一般是在7–9月开花，9–11月结果。如果能在一次野外工作中同时采到花和果当然是最好的，这跟考察路线的设计有关。生长在高海拔地区，如川西、藏东及滇西北一带的凤仙花，多是8月开花；而生长在滇东南、桂西南等低海拔地区的凤仙花，则多是9月开花结果。设计路线的时候可以考虑先去川藏一带，后去滇桂一带。

第三，确定野外考察路线。考察路线的确定主要依靠标本和文献所提供的信息，同时结合个人的研究进展。凤仙花分布最多的地区（川西、横断山、藏东及滇黔桂一带）自然是首选，当然有些疑难类群分布得比较偏远，也应纳入考察的范围。

第四，联系沿途各部门，争取获得协助。"兵马未动，粮草先行"。时间和路线一旦确定下来，即找本单位开好介绍信之后，可以先与沿途有关负责人取得联系，便于考察工作顺利开展。如有熟人会方便很多，当然大多时候没有熟人，则应

与当地管理部门，如林业局、环保部门等提前取得联系，争取在他们的协助下进行野外考察。

第五，准备野外考察物品。考察之前的物品准备工作也是非常重要的。针对考察要带的采集工具，如铲子、枝剪、标本夹、瓦楞纸、废报纸、烘干机、放大镜、电源线、充电器、硅胶干燥剂、小纸袋、记号笔、铅笔和固定液等，还有照相机、地图、常备药品等，都应重视并提前准备好。另外，野外考察的花费也应提前做一个简单的预算，从而保证野外考察的顺利进行。预算时大致可以考虑考察的天数、住宿的标准、野外考察交通费用等方面。

值得一提的是，个人的野外装备也至关重要，如衣服、鞋子等的选择不应追求时髦，而应本着实用目的来选择。南方一般多雨潮湿，所以可以考虑多带一双鞋以便替换。选鞋的时候也有讲究，南方的山路湿滑，一般不推荐穿硬而厚底的登山鞋，高腰的解放鞋是一个好的选择。解放鞋的鞋底相对较软，多具防滑突起或纹理，踩在石头上形成一个弧面，可增加摩擦力，尤其是在雨季走山路时，其优势更为明显。但若去高寒地区或流石滩，穿一双硬底的登山鞋则更舒适，而且还可保暖。至于衣服，野外考察不同于户外登山、远足等活动，很多要找的植物都是生长在人迹罕至的地方，而且在行进的过程中要穿越密林，不能随意改变路线，有时甚至只能在荆棘丛中拍照采集，所以身上的衣服质地应相对细密结实。户外速干衣虽然淋雨或出汗之后很快就能干，但质地太薄，容易被荆棘剐破。而冲锋衣虽说安全，但透气性差，在南方的雨林里出汗时很容易使里外衣服全湿，效果并不好。笔者每次出差喜欢穿的是迷彩服，而且还常带一双99作训鞋，虽不好看但很实用。

第六，调整心态、端正态度、正确对待野外考察。心态的调整也很重要，尤其是对新手而言，要认识到野外考察与旅游观光是有很大差别的。野外考察是科研工作，只是环境有所改变，比起室内科研增加了很多不安全因素，所以不应轻率地对待，应认真准备，积极应对，这是关系考察成败的关键所在。

二、考察过程

1. 找向导

开展野外考察时，寻找一个得力的向导是非常必要的。如果所考察的地方为自

图3.3 在广西那坡身为草医的向导黄有形兄弟俩能够很快地找到笔者想要找的植物

然保护区，最好先和当地林业部门联系，请他们协助找当地护林员作为向导，这样既安全又可以节省时间，因为很多护林员对当地的植物资源分布相当熟悉。如果所考察地区不是保护区，而只是一般山林，周围没有林业站，联系不到相关人员，可以到附近村子找村长或村支书，说明来意，请他们协助找一位对山林比较熟悉的村民做向导（图3.3）。

淳朴的当地人有时热情得让人感动。记得2007年笔者只身到湖北恩施采集湖北凤仙花（图3.4）。当地林业部门态度冷漠，也没有找到合适的向导，一连几天跑了好几个地方都没有找到湖北凤仙花。情急之下向一位路人打听，他热情地带我去找，在山里找到了好几种凤仙花，但就是没有找到我要采的湖北凤仙花。就在我准备离开的前一晚却有了意想不到的收获，之前我所遇到的那位路人和他的妻子一起来到了我住的旅馆，带来一把植物问是不是我要找的，仔细一看竟然真是湖北凤仙花。原来朴实的农村大嫂在出嫁前常跟随做药农的父亲上山采药，

图3.4 湖北凤仙花（*Impatiens pritzelii*）（张代贵摄）

湖北凤仙花在当地是一种药草，又名冷水七，得知我要找冷水七，当晚就到附近的山上采了一把连夜来镇上送给我，而且在不知我住哪家旅馆的情况下，几乎打听遍了镇上所有的旅店，用了近两个小时才打听到我的住处。如果没有他们的帮助，我就只能带着遗憾离开了。

2. 食宿交通

在野外考察中，食宿与交通直接关系着考察工作能否顺利进行，所以必须认真对待。首先，饮食一定要卫生，切不可贪一时之口福而吃坏了肚子；其次，在考察途中可能会碰到一些色香味诱人的果实，最好不要随便品尝，以防中毒；再者，住宿条件的好坏亦直接影响考察队员的休息状况，与白天的野外考察工作息息相关，并且还涉及个人的人身安全。因此，建议选择相对正规的宾馆入住。为了省钱，笔者曾经于2007年在广西融安住过每晚5元钱的旅店，不但没电，还靠近车站，外面人声嘈杂，不但整晚没法工作，而且也无法休息，严重影响第二天及以后的野外工作。

另外，选择交通工具也是重要的一环，尤其是野外考察中需要租车的时候，一定要对车况和司机进行了解，可以通过谈话或他人介绍来进行判断。一定要选择一位身体健康、责任心强的司机，最好有正规的租车合同。2006年我与瑞典乌普萨拉大学的Magnus Laden教授去川西一带考察，由于司机是他们提前预约好的，详细情况并不了解，去了野外才知道，那是个嗜酒如命的司机，每晚必定要喝一瓶白酒，否则睡不着觉，其危险可想而知。后来在冕宁县附近把彝族村寨的一头猪仔撞死了，幸亏赔了些钱放我们通过了，像这样的司机是坚决不能用的。如果不是去特别偏远的地方，可以选择公共汽车作为交通工具，会节省不小的花销，只是灵活性差一些，上下车要特别注意看管好行李物品。

3. 考察队的组织安排

考察工作的组织是灵活多样的，但总的来说有两种形式，即多人组成考察队和个人考察。两种形式各有利弊。考察队的人数并不固定，少则三五人，多则十几人甚至几十人。整个队的分工安排与协调非常重要，可根据个人的特点分配不同的任务，有人负责食宿，有人负责采集等。若考察队的人数允许，还可分成若干小队，分别去不同的地方。这样即使某一考察分队没有采到凤仙花，而其他队伍也有可能采到。人多力量大的好处便在于此。但这样的大型考察一般会一连几天都停留在同一个地方，灵活性差，进度较慢。

针对某种植物的野外考察，单枪匹马的可能性更大。为了采集凤仙花材料，笔者独自一人几乎跑遍了滇黔桂各地。一个人去野外可以根据自己的需求选择适合的路线，灵活性大了很多，但独自一人，很多事情都要亲自去做，会更辛苦。

4. 考察步骤

一般地区性的植物区系考察，要考虑不同的生境、海拔高度和植被类型，制定相关的考察路线。而具体到某种植物的野外考察与采集，最重要的是知道适合该植物生存的环境，如凤仙花多生长在山谷溪流边或潮湿的沟谷地带，每到一处先找到这样的生境，就容易发现凤仙花。还有一种特殊的情况，有时在馆藏标本的查阅过程中遇到存在问题的标本，需要按照标本上的原始采集记录去原产地再行考察，这样的情况一般比较容易采到。但有时由于标本年代久远，原始采集地的环境发生了很大变化，如记录中原来是一片森林，而现在变成了一片“玉米地”。如果遇到这

图3.5 大旗瓣凤仙花（*Impatiens macrovexilla*）的野生群落

图3.6 大旗瓣凤仙花（*Impatiens macrovexilla*）的正面观

图3.7 大旗瓣凤仙花（*Impatiens macrovexilla*）的侧面观

种情况也不要慌乱，因为每个物种都会有一定的分布区域，附近与原先类似的生境下一定还会有分布，可以向当地居民询问，一般还是可以找到的。

那么找到凤仙花后应该做什么呢？首先不要急于去采集凤仙花标本，而是要先对凤仙花的生境、植被类型、伴生植物等进行详细的观察和记录，同时全面观察整个凤仙花群落的状况（图3.5），尤其是重要的形态性状，如花部形态性状，在居群内的变异式样。然后要对凤仙花和生境、植被、伴生种等进行拍照记录，最后才进行凤仙花标本的采集。如果条件许可，还应从保护生物学的角度注意观察或询访当地居民有关凤仙花的保护、利用以及相关的濒危因素等，以期为凤仙花濒危等级的评估提供必要的野外居群信息。

数码照片可以有效地将凤仙花的形态特征、生境状况、空间结构等信息记录下来。但长期以来受到胶片相机的限制，不少学者忽视了拍照的重要性。近年来，随着数码相机的普及，实地拍摄凤仙花的野外生活状态成为可能。在野外拍摄凤仙花时应注意以下几方面的问题。第一，局部拍摄，要从不同的角度拍摄凤仙花的各部分（图3.6，3.7），如从侧面对侧生萼片、唇瓣和距进行拍摄，从顶端对旗瓣进行拍摄，从前面对两枚翼瓣进行拍摄等。有时要将花的各部分解剖分离后，放上标尺再进行拍摄。这样有助于凤仙花种类的鉴定。第二，整体拍摄，要考虑用一张照片说明问题，在拍摄过程中要保证植物叶片的形状、花序的整体样式以及成像时花的各部分都能客观清晰地反映出来。特写一朵花时，应用中央对焦对准凤仙花喉部的雄蕊或雌蕊，并在花正前方稍偏转的一侧拍摄，这样所拍出来的照片，能使凤仙花的前端、侧面以及后面的距都可以兼顾得到。第三，由于凤仙花科植物的花色变异复杂，有紫红的、白色的甚至紫黑色的，所以在拍摄过程中要充分利用辅光，以便拍摄出的照片可以客观反映其花色。

除相机之外，还有一个极为重要的记录凤仙花植物形态的方法，那就是手描图（图3.8~3.11）。记录每个物种最重要最突出特征的手描图是分类学必不可少的重要证据。当然，我们在野外绘图时不用像专职绘图员那样精细，可以用几笔大致的线条勾勒出每种植物的重要特征，这对于研究植物形态变异具有重要的价值。

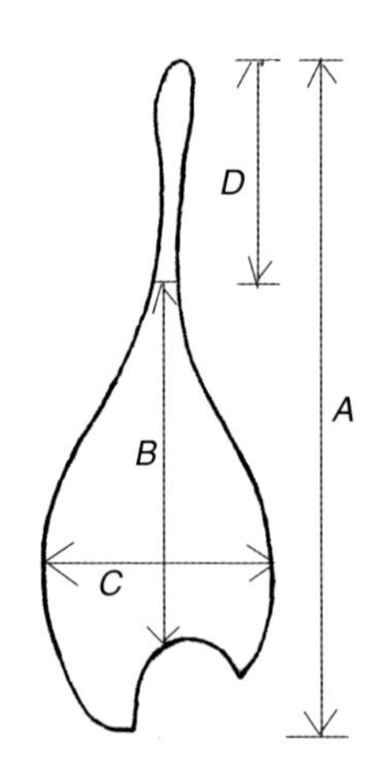

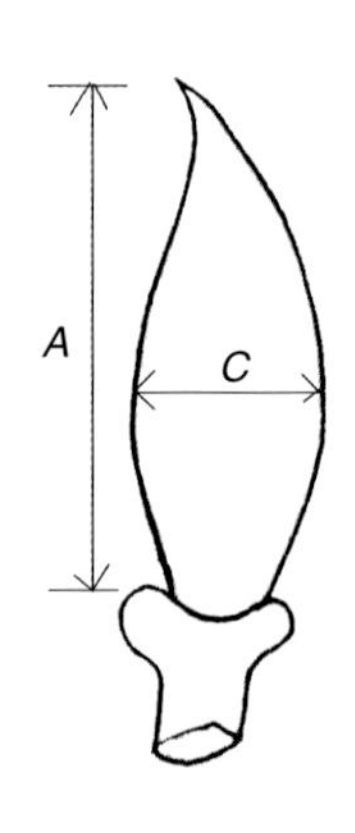

图3.8 侧生萼片及子房的高度(*A*)、宽度(*C*)以及侧生萼片顶端腺尖的长度(*D*)的测度方法（朱运喜绘）

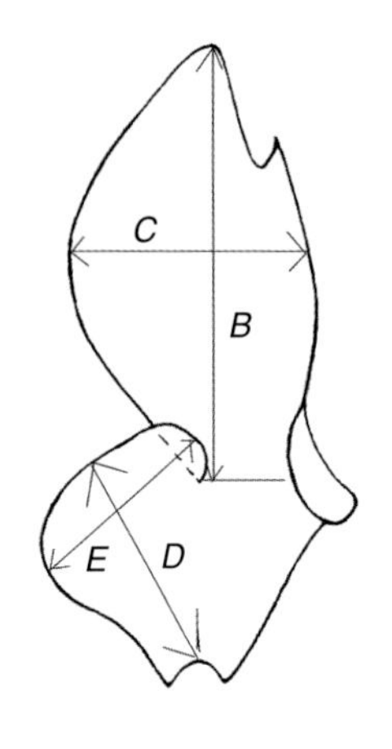

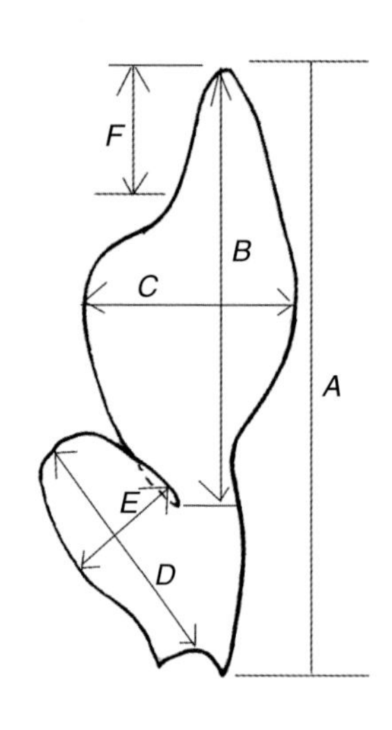

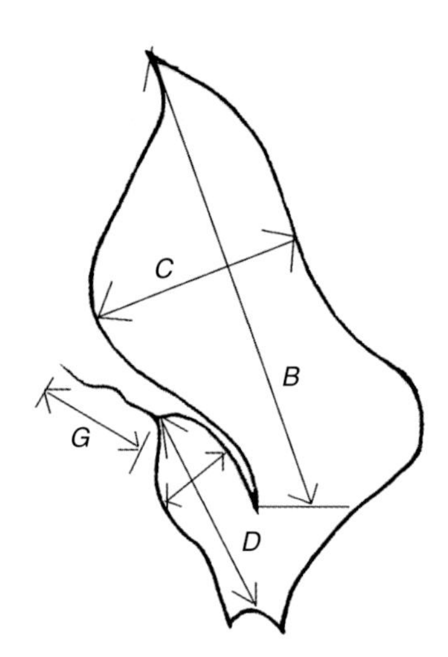

图3.9 翼瓣的长度(*A*)、上部裂片的长度(*B*)和宽度(*C*)、基部裂片的长度(*D*)和宽度(*E*)以及基部裂片顶端毛状附属物长度(*G*)的测度方法（朱运喜绘）

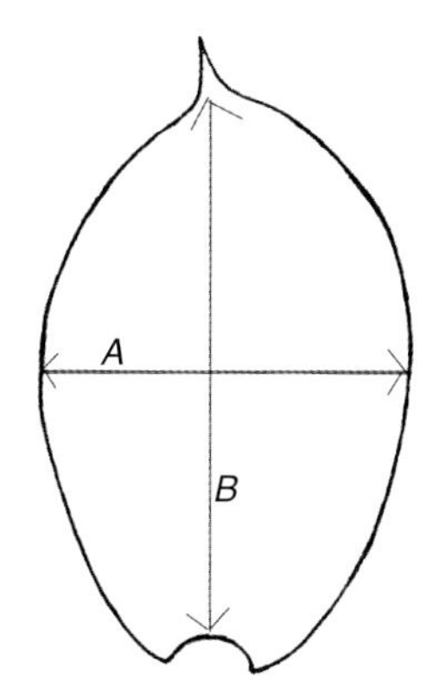

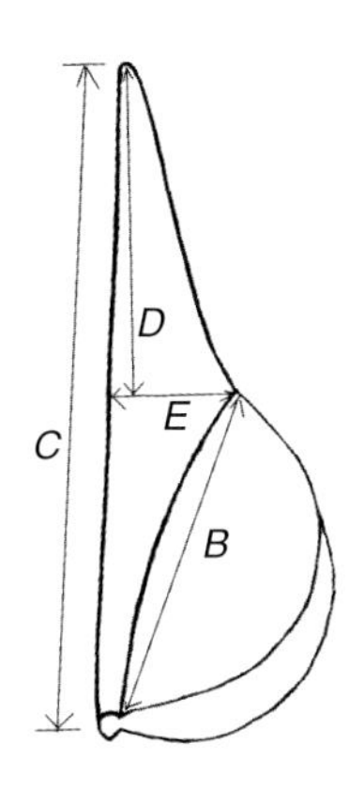

图3.10 旗瓣的长度(*B*)、旗瓣及附属物的长度（C）、宽度(*A*)、背面脊突的长度(*D*)及宽度(*E*)的测度方法（朱运喜绘）

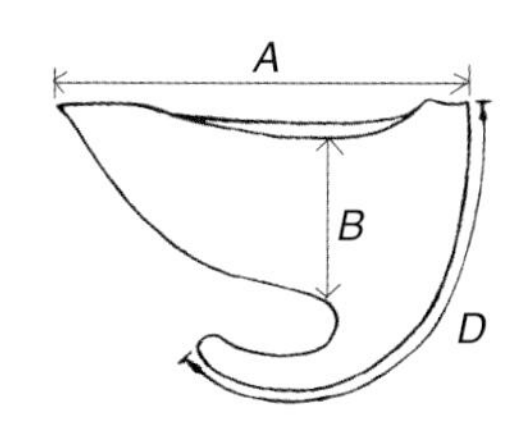

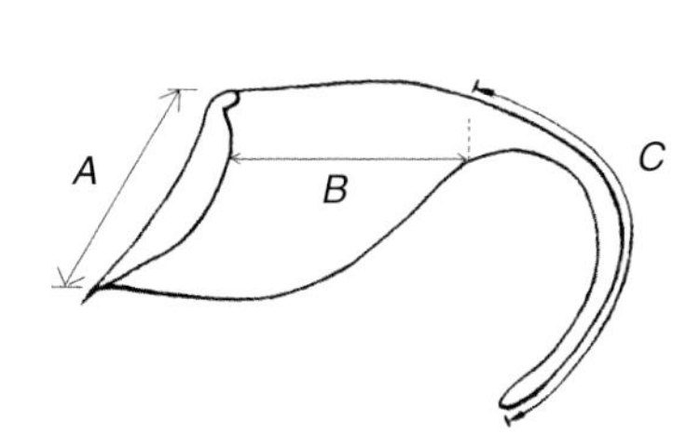

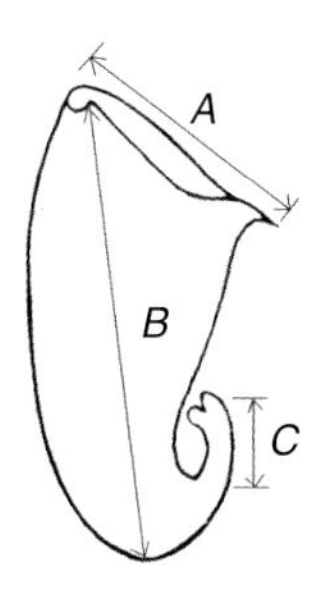

图3.11 唇瓣的长度(*D*)、唇瓣口部宽度(*A*)、唇瓣囊的深度(*B*)和距的长度(*C*)的测度方法（朱运喜绘）

湖南凤仙花 (*Impatiens hunanensis*)

第四章

凤仙花标本的采集与制作

图4.1 藏南地区凤仙花生境

植物标本是研究植物的重要资料之一，可长期保存，以备科研、教学观察研究之用。一份完美的植物标本不失为一件精美的艺术品。植物标本可根据需要制成腊叶标本或浸制标本。现将凤仙花标本的采集及制作方法介绍如下。

一、标本材料的采集

1. 植株的采集

一般每一号凤仙花标本，应采集10份左右。采集时最好不要在同一个地方连续

图4.2 水金凤（*Impatiens noli-tangere*）群落

采集，而应在整个居群中分散采集，这样可以使所采凤仙花从如海拔、生境、坡向等方面代表整个居群（图4.1，4.2，4.3）。凤仙花标本一定要完整。以前的很多标本只有植株上部的一部分，而下部的形态很难从标本上看到。所以采集时应将凤仙花的根一起挖出来，以便制作完整标本。同时所选取的凤仙花也要以发育健全者为好，最好不要采集畸形株，以免引起后来研究人员的误解。标本采集完成后，还应进行种子、花粉等实验材料的收集。

2. 种子的采集

种子形态特征是重要的分类学证据，但采集时也是最有难度的。凤仙花的果实为蒴果，成熟时稍遇外力就会弹裂，将种子弹出，这是一种有效的传播方式，但却给种子的收集带来了很大困难。所以在野外很难采到凤仙花的成熟种子，甚至几次都采不到足够量的种子。根据经验，凤仙花种子的采集选准时间很重要。首先要在凤仙花盛果期去采集。其次采集的时间尽量在下午两三点钟之前，这是成熟果实开裂相对集中的时间。此外，采集过程中也要讲求策略，徒手采集收获是很小的，最好的方法是找一个稍大一点的塑料袋，一下将整株凤仙花的花序全部包起来，再用力抖动，这时只要是成熟的凤仙花种子都会散落其中，是一种行之有效的方法。

所采集的种子如果仅是用于开展种子电镜扫描实验，一般将种子用吸水纸包起，放在纸袋中，然后再放入硅胶中干燥保存即可。如果是为了进行萌发实验，则要考虑干湿度对种子萌发力的影响。因为种子一旦收集起来，如果不及时干燥处理，会很容易发霉，影响实验结果。另外需要注意的是，进行凤仙花属植物种子电镜扫描实验时，凤仙花的种子不易过度清洗，以免洗去表面上的某些形态构造。如有一类特产于石灰岩地区的凤仙花种子，表皮具有类似螺纹导管状的毛发状附属物，该附属物在外力作用下易脱落，从而影响对种子外部形态的观察。

图4.3 瑶山凤仙花（*Impatiens macrovexilla var. yaoshanensis*）

3. 花粉的采集

在采集凤仙花的花粉时，可将成熟的整朵花一起采下，采集时选择花粉开始散落的花朵，将整朵花放入纸袋中，然后放入硅胶中干燥保存；或是放在吸水纸中，一起放在标本夹中烘干，待回到室内再行处理，开展花粉的电镜扫描实验。其实很多情况下，直接从腊叶标本上采集花粉也可以开展相应的孢粉学实验，只是这种方式有损标本的完整性，故不建议这样做！

4. 移培材料的处理

在凤仙花的采集过程中，还有一项重要的任务，那就是对野外植株的移培实验，这需要很大的耐心和技巧。由于凤仙花植株肉质多汁，十分娇嫩，在回带过程中很容易挤坏、腐烂，所以最好的办法就是及时地带回进行移栽。但一般情况下在野外待上几天才能回来移栽，其他的植物可能没有多大问题，但对于凤仙花来说是等不及的，所以应该尽快处理。具体的做法是：将植株上部的茎叶去掉，尽量少地保存叶子；为保持根部湿润，可用一些小泥炭藓浸水后包在根上，用线扎住后将其茎基部及根装入黑色塑料袋中并洒一些凉水，以防止路上携带时根部枯萎，晚上回到住处时将其解开，用凉水进行冲洗，然后放在阴凉处晾干；第二天再将其包好，并放入黑色袋子中进行携带。在这个过程中，最重要的就是别让其发热，一旦发热，所有材料很快就会烂掉。野外工作结束后，必须及时进行移栽。

二、标本的制作

1. 腊叶标本

当采集到完整的凤仙花活体植株（包括根、茎、叶、花或果实）回到住地后，就要及时进行标本压制。压制标本时要将所采的每一棵具有代表性的植株平展地摆放在吸水纸上（现在野外一般用旧报纸），合理地安排各部分的造型，使其美观大方，叶子要正反面皆有，使标本装在台纸上后观察方便，这是压制标本的第一步。由于凤仙花植物含水量多，一般白天在野外所采凤仙花标本，晚上带回时早已枯萎，会影响标本的压制，所以一般的做法是采集时将所采不同种类的凤仙花分别装入密封袋中，甚至在里面放一点水，并用记号笔直接在密封袋上编号记录，晚上回来压标本时再取出整理，以保证标本材料不至于干枯。当然，如能在野外采集时当场压好，那当然是最令人满意的了。

接下来是对凤仙花花部的解剖（图4.4）。因为凤仙花属植物的花十分娇嫩，如果直接压干，花的各部分会折叠粘连在一起，有价值的花部性状不能很好展现出来，即使再次用水湿润也不能保证将花的每个部分都成功地分离开，故在标本压制过程中就要将花的各部分解剖、分离，进行单独压制。这对于将来补全腊叶标本的性状是十分必要的。解剖时应按照由外向内的顺序，先是外面的两枚侧生萼片，再是里面的侧生萼片（有的种类没有），接下来是唇瓣，然后是旗瓣，最后是两枚翼

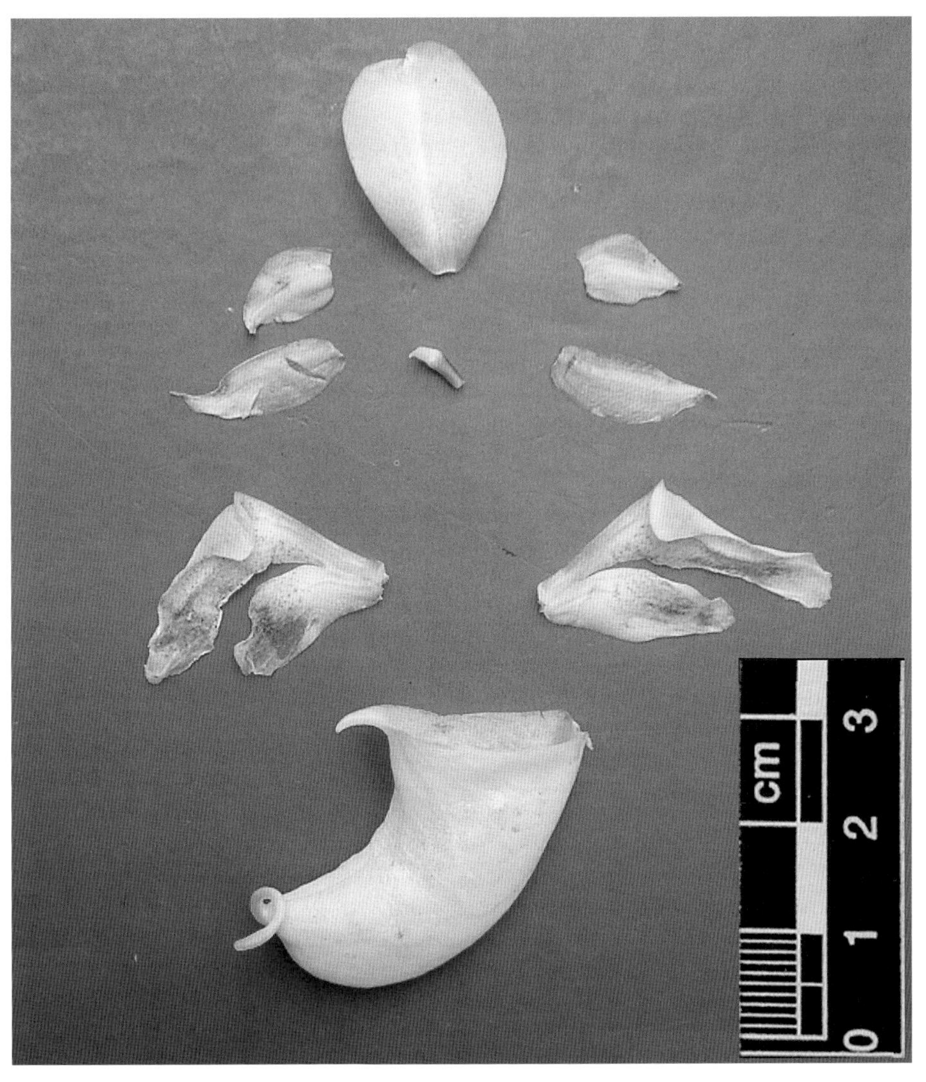

图4.4 匙叶凤仙花（*Impatiens spathulata*）的野外解剖

图4.5 用烘干机对凤仙花标本进行干燥

瓣。在解剖过程中不能急躁，否则凤仙花的花瓣很容易破碎，只能从头再来。解剖完后将各部分放在两层吸水纸中间，再放入标本夹中连同其他标本一起烘干。每份标本大约要解剖4~5朵花，每种常常要压制10份标本，所以每种至少要解剖40~50朵花。如果一天要是采上4~5种凤仙花的话，晚上基本上就是不眠之夜，所以说采集压制凤仙花标本是一件耗时费力的差事。

标本压制好后，接下来就要烘干标本了（图4.5）。与传统标本干燥有所不同的是，凤仙花最好用烘干机进行烘干。若用草纸进行压制干燥，标本的质量看上去虽然要平整许多，但凤仙花体内水分太多，短时间不容易被吸水纸吸干，故很容易烂掉。而用烘干机则要快很多，一个晚上基本上就全部烘干了。

标本烘干时，可在烘干机出气口外面扎上一个厚塑料薄膜袋，而另一端则包住标本夹，标本夹的另一侧露在外面，这样就形成一个暖气通道，标本正好在这个通道中，通过瓦楞纸的中间孔道将标本的水分带走。不用多久，标本就可以完全干燥了。但值得注意的是，这种情况不宜将烘干机的风挡调得过高，除非有人在旁边守着。

标本干燥之后便可寄回标本馆，请其装订入库，进行永久保存，供世界各地的学者进行研究。

2. 浸制标本

要确保所采凤仙花材料能够保存完整的形态特征，光靠压制腊叶标本是不够的，因为压干后凤仙花的花朵变成平面，不能客观反映其空间结构。所以为了最大限度地保留凤仙花的形态特征，我们在采集、压制标本的同时还要进行泡花（花的浸制标本的制作），即将凤仙花整个花序或整朵花放在FAA固定液中固定，然后带回实验室以备后来研究之用。制作浸制标本时，花的数量自然是越多越好。

如果要采集凤仙花的叶片，以便开展叶表皮微形态实验，也要制作叶片浸制标本。凤仙花的叶片娇嫩，含水量大，压干后很薄，有些种类薄如蝉翼，所以在利用腊叶标本开展叶表皮微形态实验的过程中，很难将来自腊叶标本的材料圆满地处理好，而且就算成功地完成了上下表皮的剥离，实验结果也常常不尽如人意。所以在采集过程中最好能采集并保存新鲜的材料。浸制标本的制作方法很简单，选择新鲜成熟的凤仙花不同植株和不同部位的叶片，清洗干净后，放入FAA固定液中即可。开展叶表皮微形态实验时，将叶片用剪刀剪成与主脉垂直宽度约为2~3mm的长条，放入NaClO溶液中离解。这样拍摄出来的叶表皮微形态（图4.6）极为逼真，其可视效果明显优于由腊叶标本制成的叶表皮微形态实验封片。

三、采集记录

记录凤仙花标本干燥后观察不到的鉴别特征及其生境条件，对于凤仙花的后期研究有着举足轻重的作用。记录时应做到记录准确、简要、完整。标本野外采集记录的内容应大致包括以下各项：产地（包括国家、省、县、乡和经纬度）、生境（植被类型和土壤类型等）、海拔、习性、采集人及采集号、日期（年、月、日）（图4.7）。

除上述基本记录内容外，还应记录植物干制后易失去的特征，如花的颜色、形状、气味等，加上生态因子（岩石、土壤pH值等）、土名、用途和其他附属项目（如标本份数，是否有活株，细胞学材料，DNA材料等）。要填好基本数据项，切忌用“同上”之类省略写法，以免丢失数据；并应用铅笔或永久碳素水笔登记。

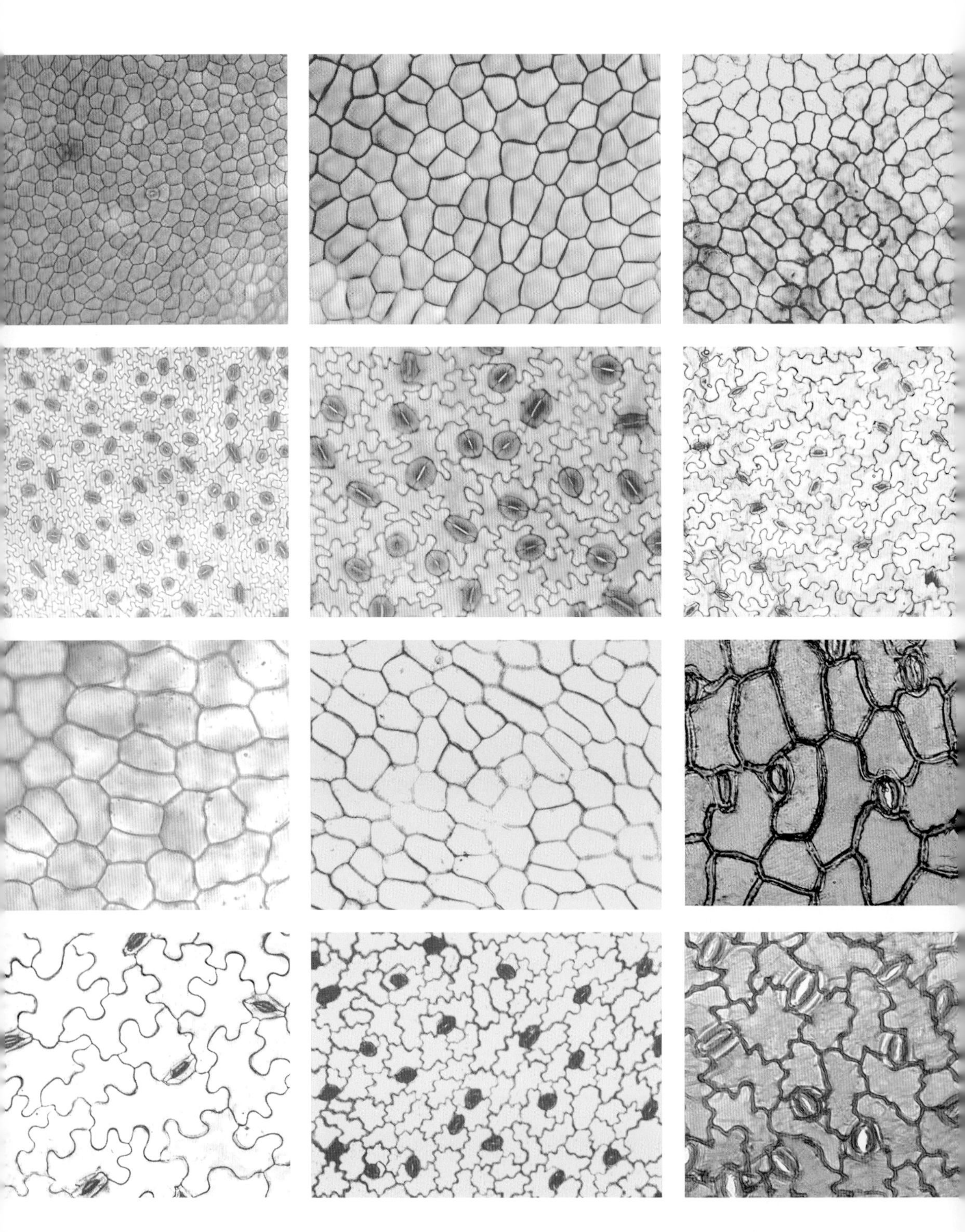

图4.6 凤仙花属（*Impatiens*）植物的叶表皮微形态

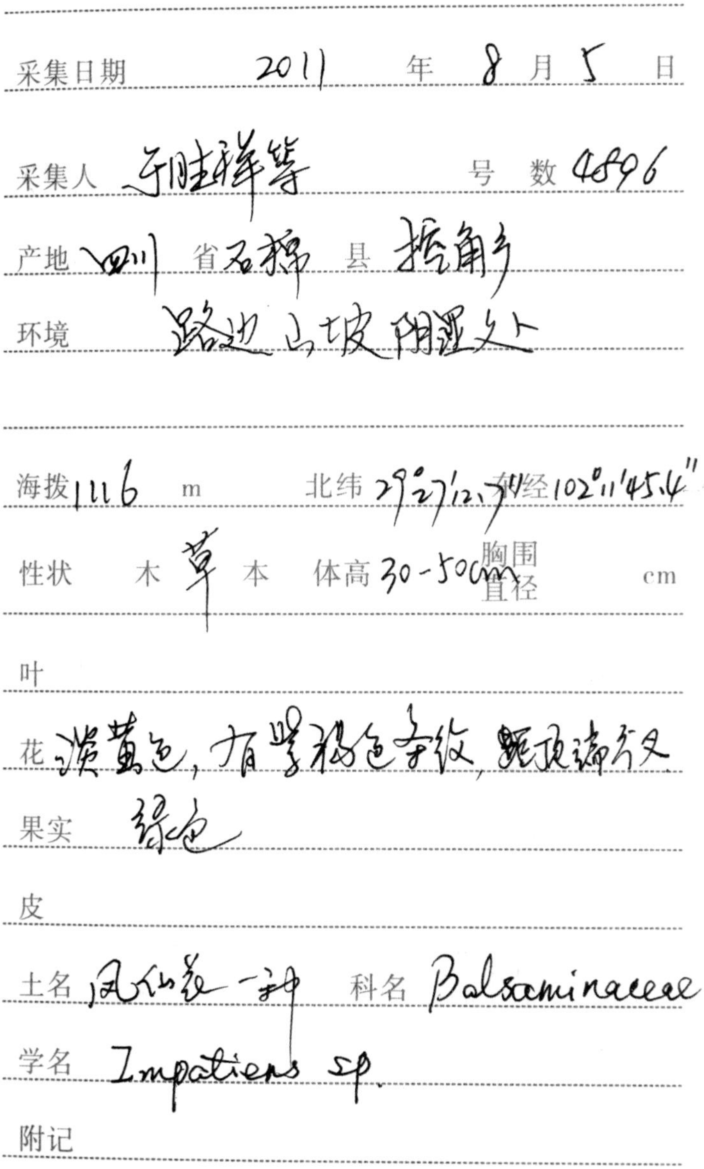

采集日期　2011 年 8 月 5 日

采集人 于胜祥等　　号数 4896

产地 四川 省 石棉 县 挖角乡

环境 路边山坡阴湿处

海拔 1116 m　北纬 29°27'12.7" 东经 102°11'45.4"

性状 木 草 本　体高 30-50cm　胸围直径 cm

叶

花 淡黄色，有紫褐色条纹，距顶端分叉

果实 绿色

皮

土名 凤仙花一种　科名 Balsaminaceae

学名 Impatiens sp.

附记

图4.7 植物标本野外采集记录数据项

扭萼凤仙花 (*Impatiens tortisepala*)

第五章

凤仙花的形态特征

“高二三尺，茎有红白两色，肥者大如拇指，中空而脆，叶长而尖，似桃柳叶，有锯齿，故又有夹竹桃之名。桠间开花，头翅尾足俱翘然如凤状，故又有金凤之名。色红紫黄白碧及杂色，善变易，有流金者，白瓣上红色数点，又变之共者，自夏初至秋尽，开卸相续，结实累累，大如樱桃，形微长，有尖，色如毛桃，生青熟黄，触之即自裂，皮卷如拳，故又有急性之名，苞中有子，似萝卜子而小，褐色，味微苦……”

这是清代《广群芳谱》中对凤仙花形态的描述，是中国古代相关著作中对其描述最为详细者。然而如果要对凤仙花有更准确而科学的了解，首先需要从植物学角度熟悉其形态学特征。

一、习性

凤仙花属(*Impatiens*)植物一般为一年生或多年生草本，少数种类为附生草本或灌木、亚灌木。茎为典型的肉质、多汁，而且常为半透明。一年生种类一般具直立纤细的茎，和简单而适度的分枝，很少在下部节处生根，而下部节处生根者多属于具有匍匐茎的种类，如华凤仙(*I. chinensis*)；虽然有时茎会变得粗壮，但只有很少种类的茎木质化，而呈灌木状，如棒凤仙花(*I. claviger*)以及专生于石灰岩地区的丰满凤仙花(*I. obesa*)。

二、根及地下茎

凤仙花属植物一般具地下茎或具块茎、块根。块茎类如块节凤仙花(*I. pinfanensis*)、湖北凤仙花(*I. pritzelii*)和柳叶菜状凤仙花(*I. epilobioides*)；块根类如

管茎凤仙花(*I. tubulosa*)。由于采集凤仙花标本时，通常只采集地上部分，因此该类性状在馆藏腊叶标本上很难看到，需要到野外进行实地考察。

三、茎

凤仙花属植物的茎一般肉质、多汁，少数种类为灌木状或半灌木状，直立或匍匐，但其体内含大量水分，大多数节处膨大，或常在下部节上生根，有时下部无叶，叶多聚生于茎顶。此外，茎的形态特征，如是否被毛、具翅、具腺点、具沟槽及斑点等，在种间界定上，都是一些比较重要的性状。该属植物茎的形态受生境条件影响较大，如一些生长在干旱地区的种类，其植株可能趋于木质化。

四、叶

该属植物为单叶（图5.1），无托叶，有时叶柄基部具腺点或腺毛。这是区别

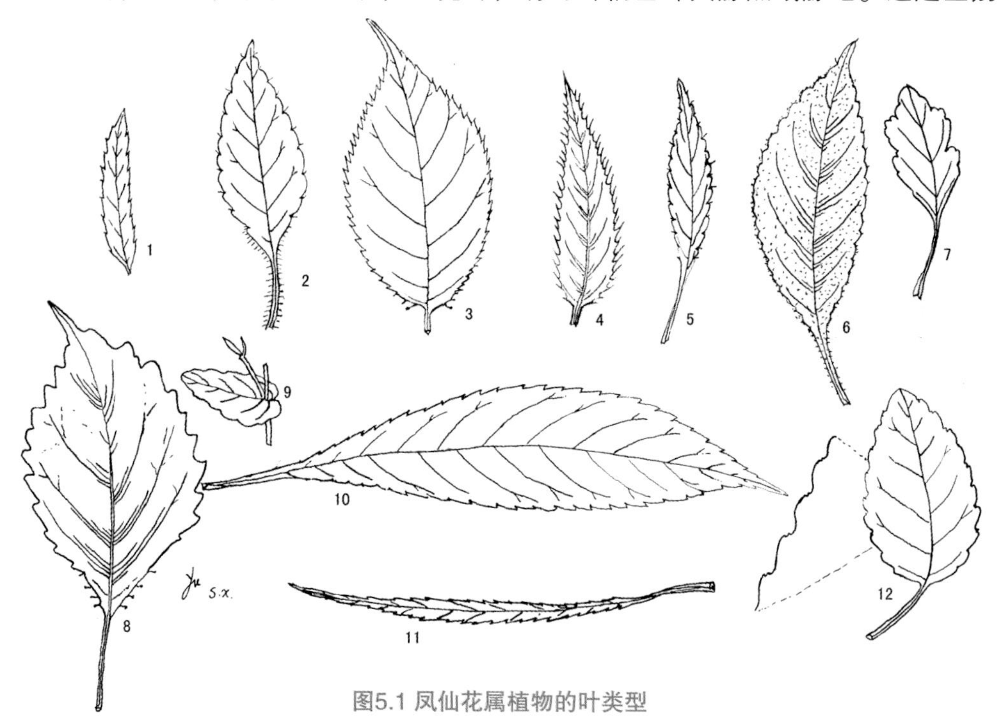

图5.1 凤仙花属植物的叶类型

1. 华凤仙(*Impatiens chinensis*); 2. 缅甸凤仙花(*I. aureliana*); 3. 扭萼凤仙花(*I. tortisepala*); 4. 九龙凤仙花(*I. chiulungensis*); 5. 贡山凤仙花(*I. gongshanensis*); 6. 西藏凤仙花(*I. cristata*); 7. 耳叶凤仙花(*I. delavayi*); 8. 奇异凤仙花(*I. paradoxa*); 9. 近无距凤仙花(*I. subecalcarata*); 10. 棒凤仙花(*I. claviger*); 11. 水角(*Hydrocera triflora*); 12. 顶喙凤仙花(*I. compta*)

图5.2 叶子被毛的米林凤仙花（*Impatiens nyimana*）

不同种类的一个重要性状。大多数种类的叶片肉质且很薄，压干后呈膜质，近透明，边缘都有不同程度的锯齿，有的种类叶面具不同程度的毛，如米林凤仙花（*I. nyimana*）（图5.2）。

该属植物的叶序除对生、互生和轮生外，也有些特殊情况。有的种类基部叶对生而中上部叶则互生，如蓝花凤仙花(*I. cyanantha*)，有的种类叶多聚生于茎枝的顶端，近于轮生，茎的下部无叶，如小萼凤仙花(*I. parvisepala*)；还有些种类在茎基部叶具柄而中上部叶柄渐短，至无柄，甚至抱茎，如高山凤仙花(*I. nubigena*)。

五、花序

花序式样及花的数目是十分重要的分类学特征。前人曾依据花序有无总花柄将该属植物划分为两类：无总花柄类和具总花柄类。而事实上，凤仙花属植物的花序式样远非如此。国内凤仙花属植物的花序式样具体分为：总状花序（图5.5）、轮生或近轮生的间断总状花序、蝎尾状花序（图5.4）、近伞房花序、蝎

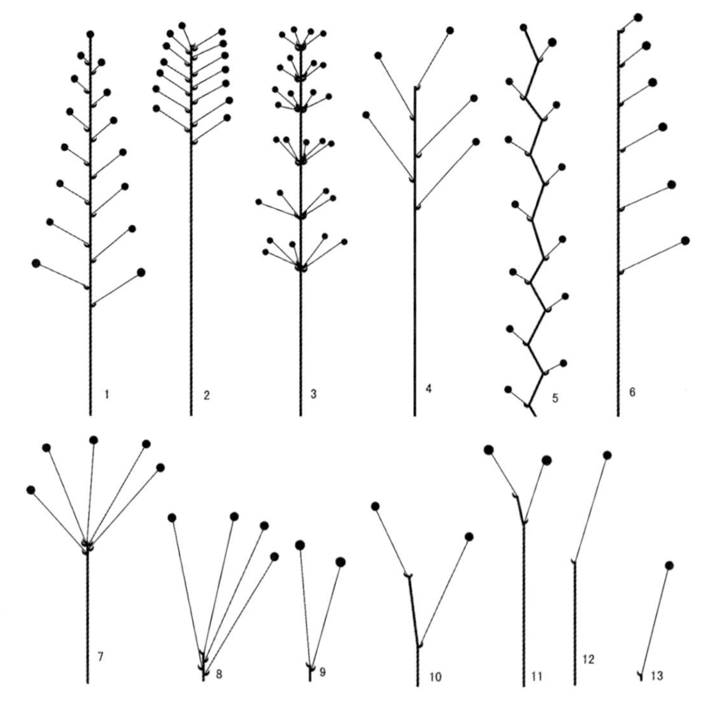

图5.3 凤仙花科植物的花序类型

1. 总状花序；2. 顶端聚集的总状花序；3. 轮生或近轮生的间断总状花序；4. 退化的总状花序；5. 蝎尾状花序；6. 蝎尾状聚伞花序；7. 近伞形花序；8–9. 簇生的花序；10–11. 极度退化的总状花序；12–13. 仅具单花的退化花序

图5.4 滇南凤仙花（*Impatiens duclouxii*）的蝎尾状花序

图5.5 蓝花凤仙花（*Impatiens cyanantha*）的总状花序（何顺志摄）

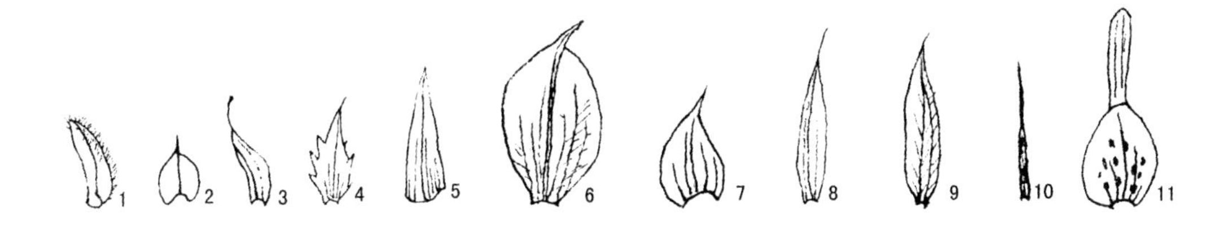

图5.6 凤仙花科植物小苞片的形态

1. 米林凤仙花(*Impatiens nyimana*)；2. 红纹凤仙花(*I. rubro-striata*)；3. 金凤花(*I. cyathiflora*)；4. 细梗凤仙花(*I. gracilis*)；5. 大旗瓣凤仙花(*I. macrovexilla*)；6. 阔萼凤仙花(*I. platysepala*)；7. 槽茎凤仙花(*I. sulcata*)；8. 天全凤仙花(*I. tienchuanensis*)；9. 翼萼凤仙花(*I. pterosepala*)；10. 林芝凤仙花(*I. lingzhiensis*)；11. 双角凤仙花(*I. bicornuta*)

尾状聚伞花序（图5.3）。另外，花序上小苞片的形态也是颇具价值的分类学性状（图5.6）。

六、花

花部形态特征是该属植物种间划分的关键性状。其实，绝大多数的种间界定都依靠花部的形态特征。

虽然凤仙花属植物花部结构复杂，不同种类之间形态变异极大，但性状相对稳定，因此花部性状在该属的分类处理上显得非常重要。从严格意义上讲，凤仙花属植物的花5基数，花部离生，即萼片5枚，花瓣5枚，雄蕊5枚，心皮5枚（稀4枚）。漫长的演化过程使其结构变得比较复杂，如5枚萼片中，许多种类有2枚已经退化消失，另1枚则已演变为具距的唇瓣，往往被描述为“侧生萼片2或4枚，另1枚具距为唇瓣”，但有的学者则把它看做花瓣。

花瓣形态是十分重要的分类学性状，很多种类的主要区别都在花瓣形态上。凤仙花的花瓣可分为：旗瓣，即位于上方的一个离生花瓣；翼瓣，即旗瓣两侧的4枚花瓣两两合生而成，2裂，有些种类，这两枚翼瓣又联合在一起。下面我们分别认识一下一朵凤仙花的各个部分（图5.7）。

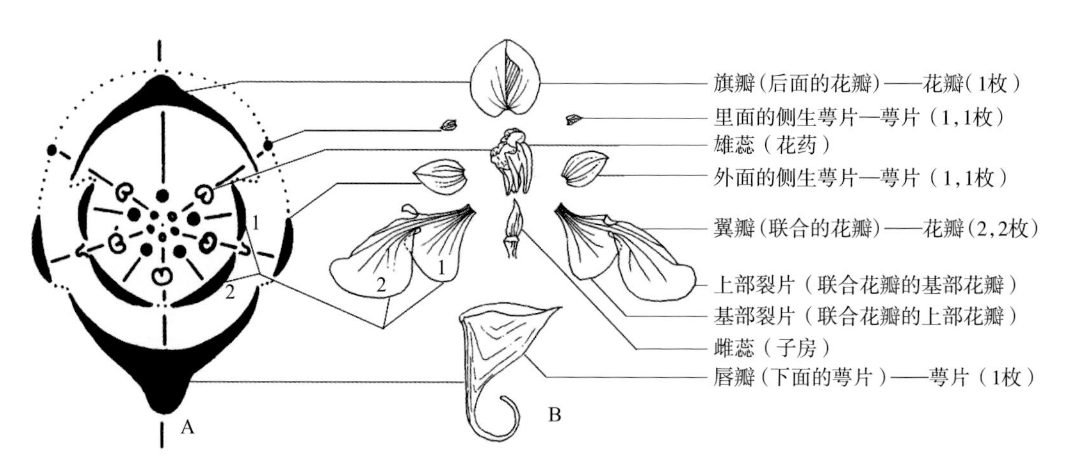

图5.7 凤仙花花部分离示意图

A. 花的横切示意图（引自Gray-Wilson 1980）；B. 花的各部分解图

1. 旗瓣

旗瓣具有重要的分类价值，在分类处理上一般用它的形态、顶端是否具小尖、中脉(中肋)在背面是否有脊以及脊的形态等性状（图5.8）。旗瓣有圆形、卵形、扁圆形等，还有的旗瓣兜状、僧帽状；旗瓣基部凹入或具柄，旗瓣背面顶端沿中脊具喙或小尖头（龙骨突），此外，有无斑点、被毛情况等都是分类的重要依据。

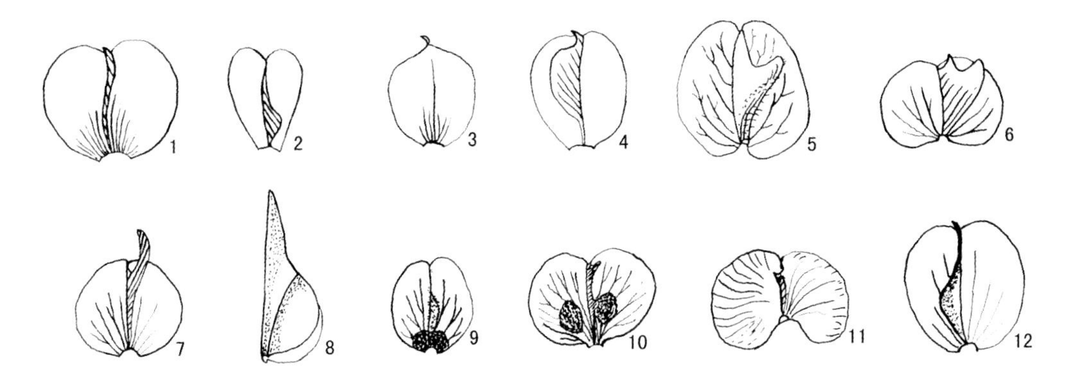

图5.8 凤仙花属旗瓣形态

1. 华凤仙(*Impatiens chinensis*)；2. 龙州凤仙花(*I. morsei*)；3. 管茎凤仙花(*I. tubulosa*)；4. 牯岭凤仙花(*I. davidi*)；5. 柔毛凤仙花(*I. puberula*)；6. 华丽凤仙花(*I. faberi*)；7. 顶喙凤仙花(*I. compta*)；8. 长角凤仙花(*I. longicornuta*)；9. 金黄凤仙花(*I. xanthina*)；10. 扭萼凤仙花(*I. tortisepala*)；11. 大旗瓣凤仙花(*I. macrovexilla*)；12. 贡山凤仙花(*I. gongshanensis*)

2. 翼瓣

翼瓣的形态亦是很重要的分类性状。根据翼瓣的来源和形态一般将其分为两部分，即基部裂片和上部裂片。在分类处理上，上部裂片和基部裂片的形态以及翼瓣背部是否具小耳等，都是很重要的分类特征（图5.9）。基部裂片形态，即基部裂片的轮廓，如近圆形、长圆形、卵形或近方形等；上部裂片形态一般宽斧形、新月状或圆形，顶端圆形还是尖形，顶端是否具缺刻，是否具细丝等都是十分重要的性状。

多数种类翼瓣背面具小耳。小耳一般反折，新月形或半圆形等。但有些种类的小耳伸入唇瓣中，很有特色，也是分类的重要依据。

两翼瓣联合，指一朵花中两翼瓣之间沿背面，至少是小耳处黏连成片、合生在一起。该类型的种类较少，且有很强的地域性，只产于石灰岩地区。有的学者如陈艺林(2001)认为具有这一性状的种类似乎应视为原始类群，笔者以为欠妥。因为一般将水角属(*Hydrocera*)作为原始类群，因为它具有5枚分离的花瓣，从性状的演化趋势上来看也不可能是先演化成4枚花瓣合生的种类，然后又演化成花瓣两两分离的种类，至少这一性状是后生的。

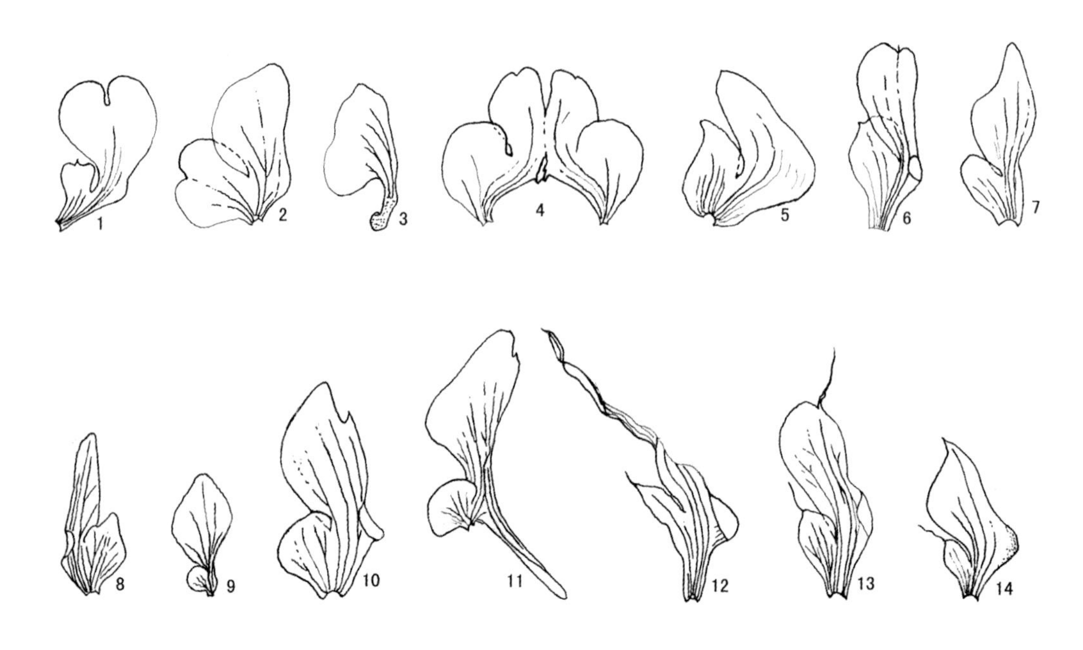

图5.9 凤仙花属翼瓣形态

1. 凤仙花(*Impatiens balsamina*)；2. 缅甸凤仙花(*I. aureliana*)；3. 黄头凤仙花(*I. xanthocephala*)；4. 丰满凤仙花(*I. obesa*)；5. 大叶凤仙花(*I. apalophylla*)；6. 滇南凤仙花(*I. duclouxii*)；7. 水凤仙花(*I. aquatilis*)；8. 窄花凤仙花(*I. stenantha*)；9. 墨脱凤仙花(*I. medogensis*)；10. 那坡凤仙花(*I. napoensis*)；11. 侧穗凤仙花(*I. lateristachys*)；12. 柔茎凤仙花(*I. tenerrima*)；13. 维西凤仙花(*I. weihsiensis*)；14. 奇异凤仙花(*I. paradoxa*)

3. 唇瓣

凤仙花有5枚萼片，其中下面1枚特化成一般具距的唇瓣。唇瓣的形态可从以下几个方面来描述。首先，檐部即唇瓣膨大为漏斗状的部分，可描述为漏斗状、囊状、杯状、舟状或坛状等；其次，口部，即檐部开口端，口部平展、斜上或斜下；最后，距，即唇瓣基部收缩延伸形成的管状结构，在分类上主要看它的长度、直或弯、顶端是否叉开或齿裂等（图5.10）。距的形态是一个十分重要的分类依据。

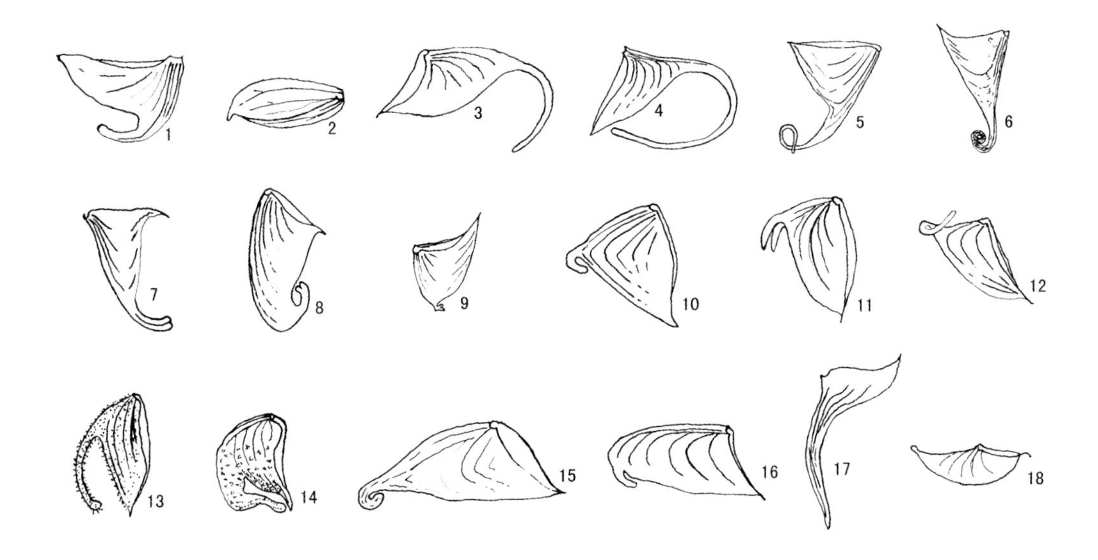

图5.10 凤仙花科唇瓣形态

1. 水角(*Hydrocera triflora*)；2. 藏南凤仙花(*Impatiens serrata*)；3. 大叶凤仙花(*I. apalophylla*)；4. 华凤仙(*I. chinensis*)；5. 绿萼凤仙花(*I. chlorosepala*)；6. 扭萼凤仙花(*I. tortisepala*)；7. 维西凤仙花(*I. weihsiensis*)；8. 黄麻叶凤仙花(*I. corchorifolia*)；9. 近无距凤仙花(*I. subecalcarata*)；10. 丰满凤仙花(*I. obesa*)；11. 棱茎凤仙花(*I. angulata*)；12. 锐齿凤仙花(*I. arguta*)；13. 凤仙花(*I. balsamina*)；14. 双角凤仙花(*I. bicornuta*)；15. 红纹凤仙花(*I. rubro-striata*)；16. 白花凤仙花(*I. wilsonii*)；17. 菱叶凤仙花(*I. rhombifolia*)；18. 小距凤仙花(*I. microcentra*)

4. 侧生萼片

另外4枚萼片，分列于花的两侧，每侧各2枚。但很多情况下，这4枚侧生萼片中，里面的2枚常常退化消失，而只剩下外面的2枚。在该属的分类处理上，侧生萼片的数目、形态、质地和被毛等性状在分种处理上都很有价值（图5.11）。萼片的形态一般为卵形、斜卵形、披针形或贝壳形，先端是否具尖，网状脉还是纵脉，纵脉的条数，另外萼片的边缘是否全缘，锯齿的类型，背面中脊是否有翅等，都是分类的重要性状。

但从侧生萼片来看，具4枚侧生萼片的种类较原始，而具2枚侧生萼片的种类是衍生的；唇瓣无距是原始性状，具距是晚出性状，而距的形态越复杂似乎越进化。

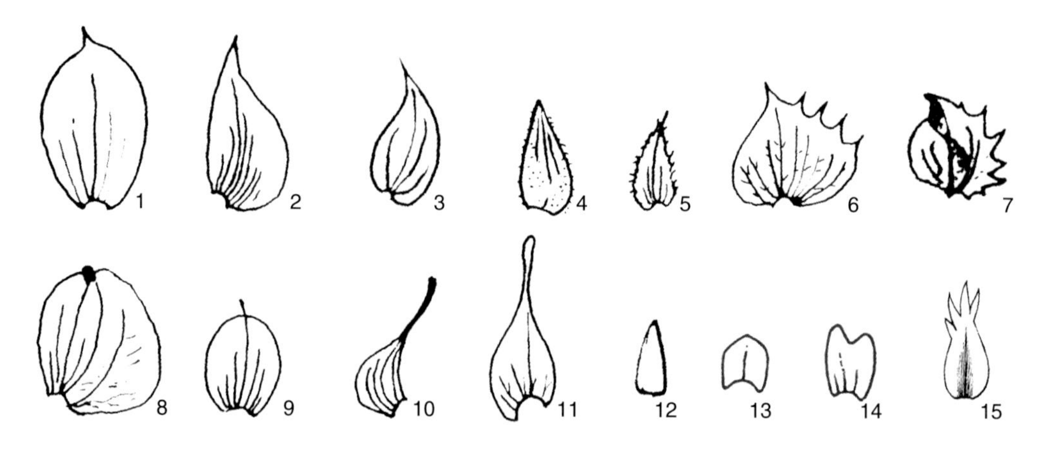

图5.11 凤仙花属侧生萼片形态

1–11. 外面侧生萼片形态；12–15. 里面侧生萼片形态；1. 丰满凤仙花(*Impatiens obesa*)；2. 大叶凤仙花(*I. apalophylla*)；3. 高黎贡山凤仙花(*I. chimiliensis*)；4. 凤仙花(*I. balsamina*)；5. 梵净山凤仙花(*I. fanjingshanensis*)；6. 齿萼凤仙花(*I. dicentra*)；7. 奇异凤仙花(*I. paradoxa*)；8. 湖南凤仙花(*I. hunanensis*)；9. 红雉凤仙花(*I. oxyanthera*)；10. 澜沧凤仙花(*I. principis*)；11. 路南凤仙花(*I. lulanensis*)；12. 棱茎凤仙花(*I. angulata*)；13. 龙州凤仙花(*I. morsei*)；14. 海南凤仙花(*I. hainanensis*)；15. 裂萼凤仙花(*I. lobulifera*)

5. 雄蕊群

雄蕊5枚，联合称为雄蕊群。花药及花丝的形态在种的划分方面具有重要的分类学意义。首先花药形态可分为花药尖或钝，这一性状在种内较稳定；另外花丝形态，如长度、形状等也是比较重要的分类依据（图5.12）。

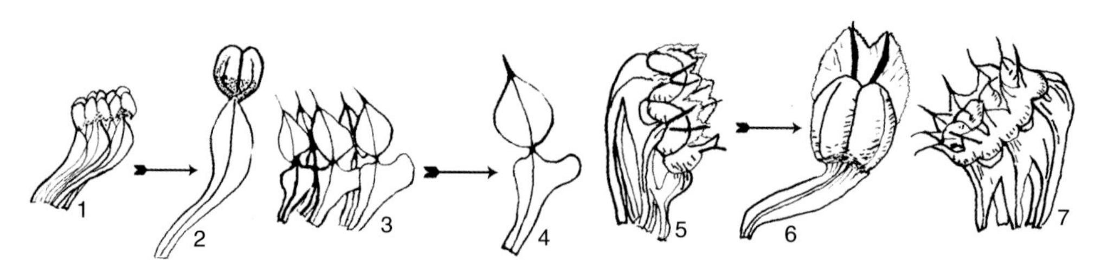

图5.12 凤仙花属雄蕊形态

1–2. 花药顶端钝：黄金凤(*Impatiens siculifer*)；3–4. 花药尖：梵净山凤仙花(*I. fanjingshanensis*)；5–6. 药隔分叉：滇南凤仙花(*I. duclouxii*)；7. 花药尖：柔毛凤仙花(*I. puberula*)

凤仙花的花粉形态也是一个极为重要的分类学证据，在属下和种间分类处理上具有重要意义（图5.13）。

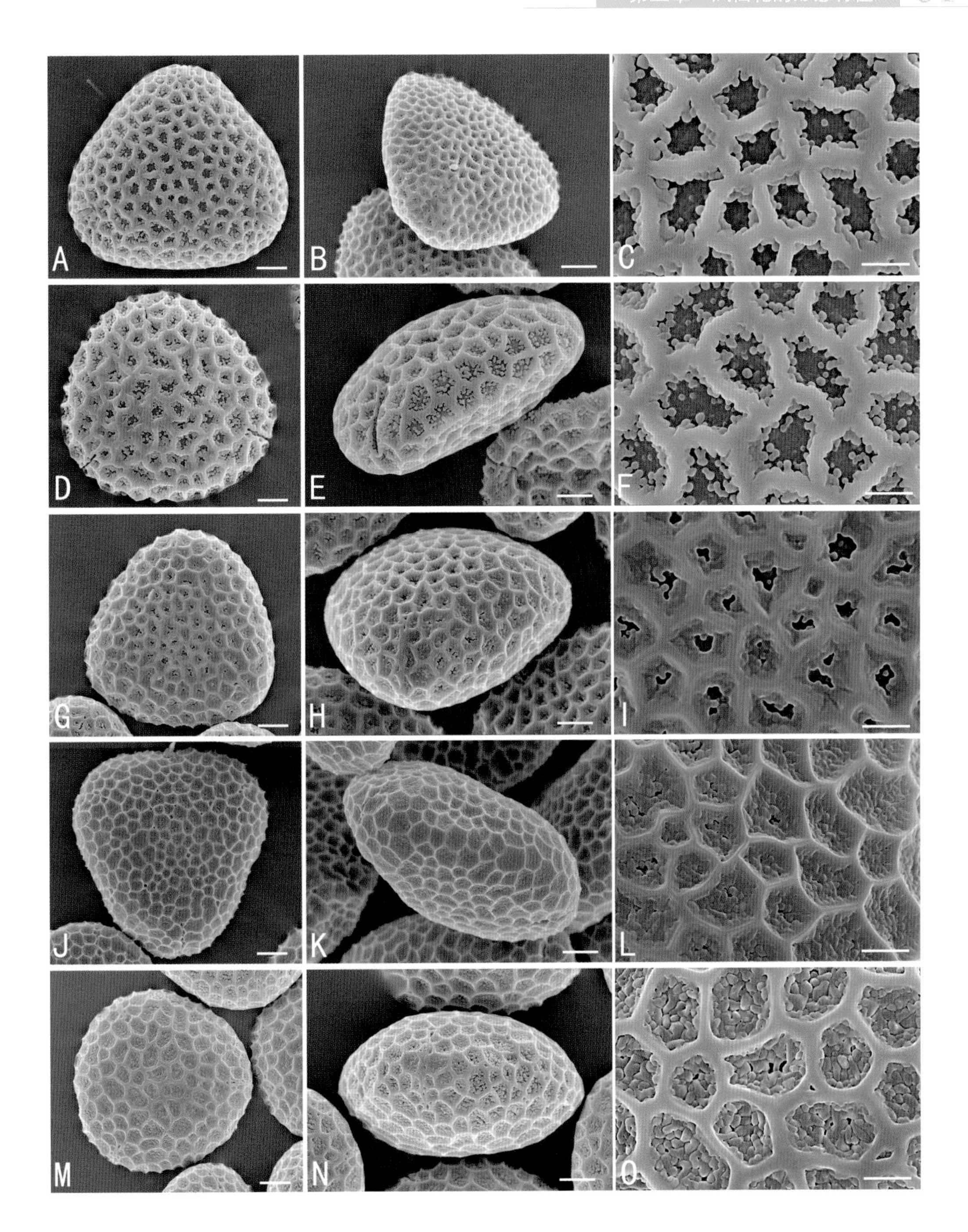

图5.13 凤仙花属的花粉形态

A. B. C. 耳叶棒凤仙花（*Impatiens claviger* var. *auriculata*）；D. E. F. 大叶凤仙花（*I. apalophylla*）；G. H. I. 棒凤仙花（*I. calviger*）；J. K. L. 匙叶凤仙花（*I. spathulata*）；M. N. O. 麻栗坡凤仙花（*I. malipoensis*）

6. 雌蕊

就雌蕊形态而言，绝大多数种类的子房为纺锤形，分类学性状一般为柱头的形态（图5.14）。有些种类柱头具有5枚小齿或小裂片，且往往成为比较重要的分类性状。另外子房表面上的被毛情况、有无纵脊等在分类处理及种的描述时也会经常提到。

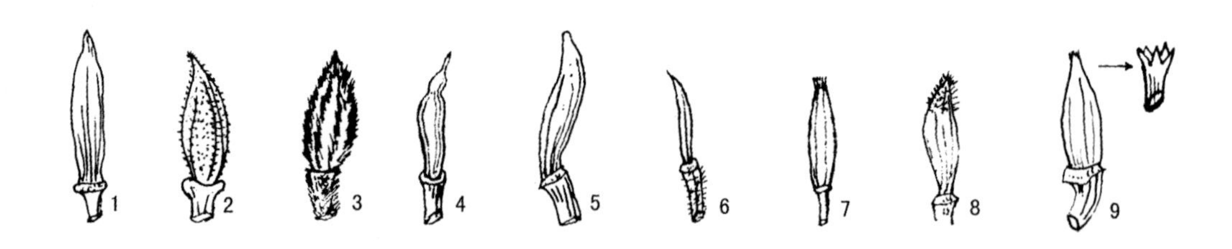

图5.14 凤仙花属的柱头形态

1. 华凤仙(*Impatiens chinensis*)；2. 凤仙花(*I. balsamina*)；3. 缅甸凤仙花(*I. aureliana*)；4. 白花凤仙花(*I. wilsonii*)；5. 滇南凤仙花(*I. duclouxii*)；6. 那坡凤仙花(*I. napoensis*)；7. 大旗瓣凤仙花(*I. macrovexilla*)；8. 睫苞凤仙花(*I. bracteata*)；9. 草莓凤仙花(*I. fragicolor*)

子房心皮数目是相当稳定的分类学性状。普遍认为该属植物的心皮为5枚，但产于广西石灰岩山地的龙州凤仙花类心皮则为4枚。除此之外，主产华南地区和中南半岛北部的、在系统发育上相对原始的白花凤仙花类(*I. wilsonii*)的心皮也为4枚。

七、果实

果实形态是分类的重要依据。凤仙花果实的形态大致可分为几类：纺锤形(图5.15: 1,2,4)、棒形(图5.15: 7, 8, 9, 10, 11)、锤形(图5.15: 6)、线形(图5.15: 12, 13 , 14, 15, 16, 17)和锥形(图5.15: 5)等类型。前人多将其分为两类。一类，果实短、椭圆形、中部肿大、两端缩小成喙状，种子圆球形。该类植物不是很多，如凤仙花（*I. balsamina*）。另一类，果实伸长成纺锤形、棒状或线状圆柱形，种子多为长圆形或倒卵形。绝大多数种类属于该种类型。但笔者在研究中发现凤仙花的果实形态变化情况远非如此，故没有按照以前的分类方式进行处理。

此外，一些种类果实表面具有瘤状小突起，如瘤果凤仙花 (*I. tuberculata*)；蒴果短且中部肿胀的种类，其果实往往被毛，如凤仙花（*I. balsamina*）。蒴果顶端是否具喙尖，或小喙尖或长喙尖或急尖等也是较好的分类特征。

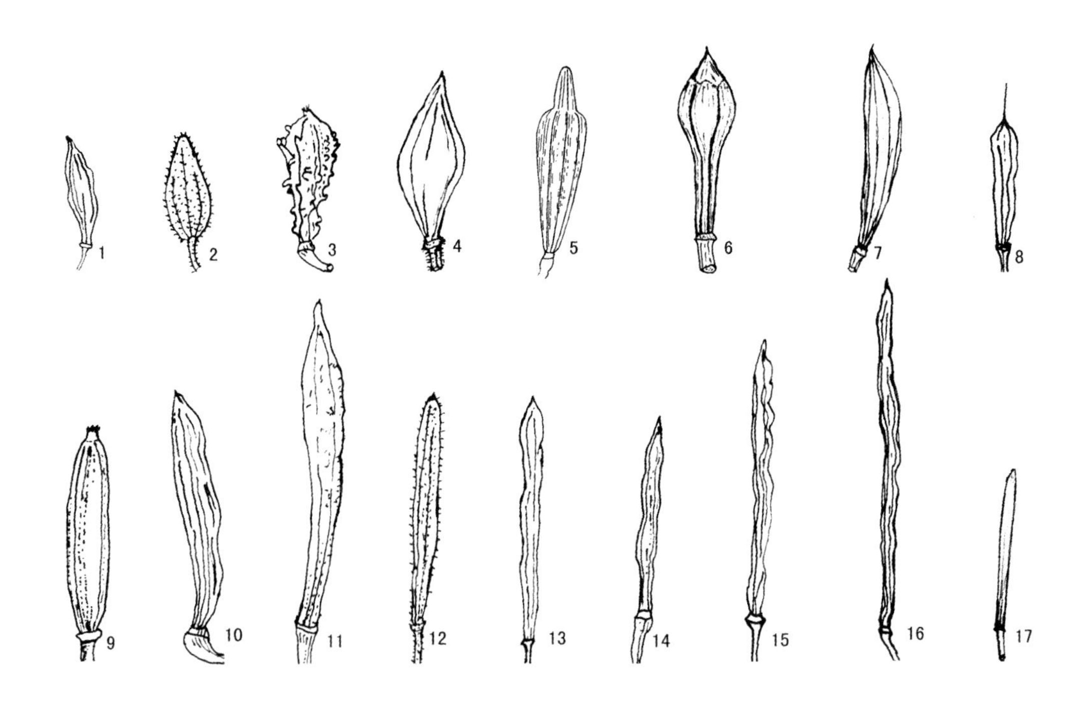

图5.15 凤仙花属的果实形态

1. 华凤仙(*Impatiens chinensis*)；2. 凤仙花(*I. balsamina*)；3. 瘤果凤仙花(*I. tuberculata*)；4. 那坡凤仙花(*I. napoensis*)；5. 龙州凤仙花(*I. morsei*)；6. 大叶凤仙花(*I. apalophylla*)；7. 滇南凤仙花(*I. duclouxii*)；8. 淡黄绿凤仙花(*I. chloroxantha*)；9. 大旗瓣凤仙花(*I. macrovexilla*)；10. 抱茎凤仙花(*I. amplexicaulis*)；11. 总状凤仙花(*I. racemosa*)；12. 西藏凤仙花(*I. cristata*)；13. 黄麻叶凤仙花(*I. corchorifolia*)；14. 川西凤仙花(*I. apsotis*)；15. 米林凤仙花(*I. nyimana*)；16. 耳叶凤仙花(*I. delavayi*)；17. 纤袅凤仙花(*I. imbecilla*)

果实形态在凤仙花属分类处理上是一个十分重要的分类依据，其形态多样，且十分稳定。但该属植物的果实成熟或接近成熟时稍遇外力便弹裂开来，故在标本馆的腊叶标本中很难找到完好的成熟果实，这无疑给该属的分类学工作带来极大困难。要想全面了解该属植物的果实形态，野外工作便是一个重要环节。

八、种子

该属植物的种子形态在分类处理上具有不可忽视的地位，尤其是种皮纹饰是重要的分类性状（图5.16）。

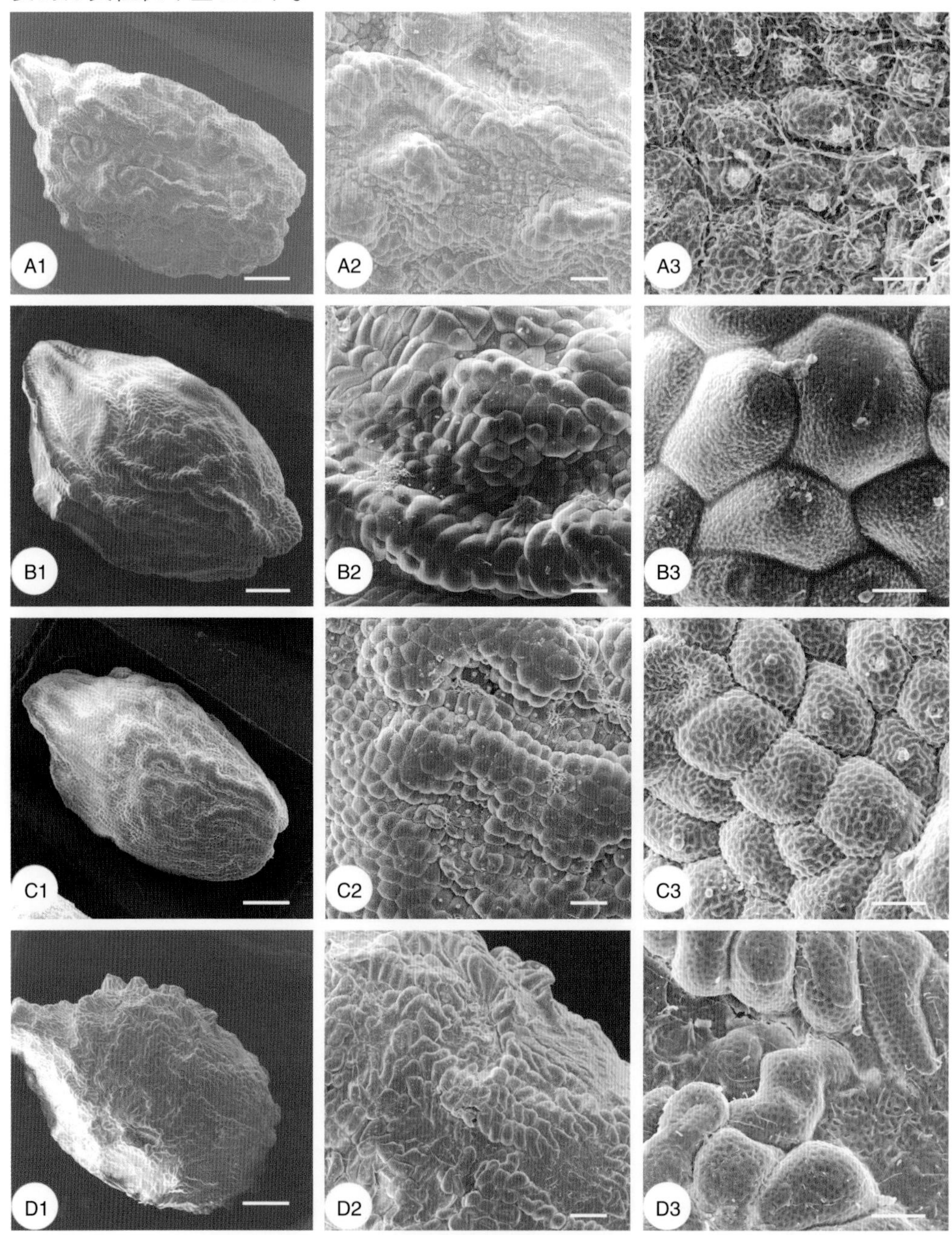

图5.16 凤仙花属的种皮纹饰类型

A. 草莓凤仙花(*Impatiens fragicolor*)；B. 槽茎凤仙花(*I. sulcata*)；C. 长梗凤仙花(*I. roylei*)；D. 水凤仙花(*I. aquatilis*)

凤仙花的种子一般为圆球形、椭球形或卵球形；种皮形态大体可分为两类，即光滑型和纹饰型，而且纹饰型又可根据纹饰的不同分为网状纹饰类、指状突起纹饰类、纵脊类及颗粒纹饰类。有报道说，光滑型的一般是指相当大的种子(Grey-Wilson 1980)，但在很多情况下种子较小的种类其种皮也是光滑的，如华凤仙（*I. chinensis*)。笔者在研究中还发现生长于石灰岩生境下的种类具有一个共同的特点：其花翼瓣的上部裂片联合，子房4心皮。其种子多为矩圆形，种沟明显，表面被毛，在扫描电镜（SEM）下观察，可发现其种子表面的毛为螺纹导管状。另外，种子的颜色，如黑色、栗褐色或褐色等在分类上也有意义。

现已证实，凤仙花属植物的种子形态和种皮纹饰可反映种级水平上的差异（鲁迎青 1991），同时种皮形态在讨论该属的系统演化方面也具有重要意义(Song et al. 2005)。

因此，在凤仙花属中，有些性状的变异式样有时显得十分复杂，难于准确地把握其分类价值和系统学意义。

凤仙花属植物的体态非常容易受到生境条件的影响，同一种类生存在不同纬度、不同海拔甚至是不同坡向上所表现出来的形态也会随之改变，而且花的颜色随海拔、坡向以及受紫外线影响不同变异亦很大。所以如果要对种类的划分做出正确的处理，就必须结合大量的野外实地观察和标本研究，尤其要仔细观察居群内的性状变异，尽可能多地掌握凤仙花属植物的重要性状的变异幅度。

九、凤仙花的传粉

凤仙花属植物的花部形态变异复杂，空间结构精巧，而且不同种类花色各异，花序式样复杂。形态多样的凤仙花为不同种类的传粉者取食蜜汁提供了合适的平台，而凤仙花属植物与传粉者的协同进化又进一步推动了凤仙花属植物花部形态结构的进一步特化。

凤仙花所具有的精巧的花部形态及空间结构为其传粉者提供了尽情发挥的舞台。从凤仙花的花部形态及空间结构来看，凤仙花属植物的花部形态奇特，结构精巧，似乎专门为传粉者设计的，或两者长期协同进化的结果。如凤仙花原为5基数，即萼片、花瓣、雄蕊及心皮均为5枚，但现在看来已出现了明显的特化。如最

外面的5枚萼片在形态上均出现了明显的变化，其中下面1枚特化为唇瓣，呈囊状，向后延伸为距。距的形态各异，或2裂或多裂，从而增加了蜜汁的产量，延长了传粉者吸食蜜汁的时间，加大了传粉者与花粉接触的几率，提高了传粉成功率。由于唇瓣的特化，使原来辐射对称的花，变成了两侧对称，其他4枚萼片两两分生在花的两侧，上下排列，即所谓的侧生萼片。

花瓣的特化更为巧妙。原来5枚花瓣，其中上面1枚花瓣进行了特化，背面一般均具有脊状突起，即是常被人误认为萼片的旗瓣。其余4枚花瓣两两分列在花的两侧，每侧的花瓣两两又合生在一起，称为翼瓣。多数情况下，翼瓣的上部裂片左右靠近形成一个可供传粉者停落的平台，这种情况尤其在特产于石灰岩山地的龙州凤仙花类植物中最为明显，以至于翼瓣的上部裂片靠合，并粘连在一起，可以看做4枚花瓣联合成了一个整体，也为传粉者搭建了一个真正的停落平台（图5.17，5.18）。当然，除此之外，有些种类花瓣的特化更为复杂，如侧穗凤仙花翼瓣的小耳竟特化成了一钻状附属物，向后延伸至唇瓣的距中，从而增加了传粉者取食蜜汁的难度，提高了传粉的成功率。

图5.17 毛萼凤仙花（*Impatiens trichosepala*）

图5.18 蜜蜂在取食花蜜的同时完成了传粉

凤仙花的雄蕊虽然没有明显的特化，但5枚雄蕊彼此联合形成聚药雄蕊，花丝的上部稍向下弯曲，致使花药正处于由2枚翼瓣和唇瓣形成的喉部，故在一定程度上阻碍了传粉者的进出。正是这种阻碍，才使传粉得以成功。

凤仙花一般在早上开放，开放之后便会吸引传粉者前来。传粉者主要是一些蛾类、蝶类、蜂类以及小鸟等。当传粉者停落在由翼瓣搭建的平台上，通过喉部进入唇瓣的囊部取食距中的蜜汁时，其头部会触及凤仙花喉部上面的雄蕊的花药，并粘上花粉，当其在不同花朵或植株之间取食蜜汁时，就完成了不同花朵之间的传粉。翼瓣具伸向唇瓣囊部的附属物、唇瓣距的加长、唇瓣顶端具有多枚具蜜腺的距，都会使传粉者的取食蜜汁的难度加大，时间延长，从而增加了传粉者与花药的接触时间和几率，提高了传粉的成功率。

凤仙花花部形态的特化对其传粉者来说是极其精巧的，但笔者曾在野外观察到，一些造访者成功地避开了复杂而费事的传粉过程，不再通过花的喉部取食蜜汁，而是直接飞往其花的距上，把距啃食掉，直接取食蜜汁。

宽距凤仙花（*Impatiens platyceras*）

第六章

凤仙花的分类学处理

凤仙花科（Balsaminaceae）因其独特的花及果实形态，在系统发育上一直被认为是一个十分自然的小科，通常置于牻牛儿苗目（Geraniales）中，与牻牛儿苗科及旱金莲科近缘。但还有一些系统将其置于其他目中，如Engler系统将其置于无患子目（Spindales）中，而Dahlgren和Takhtajan系统将其独立成单科目即凤仙花目（Balsaminales）。从种系分化和分布格局看，虽然Grey–Wilson (1980)认为该科应起源于古老的冈瓦纳大陆西部地区，但更多的学者则认为凤仙花科植物起源和分化于中国–喜马拉雅分布区内，这里有最大的多样化中心 (吴征镒等 2003)。近年来分子系统学方面的研究进展表明，该科应置于菊亚纲的基部类群杜鹃花目（Ericales）中，并处于基部，和蜜囊花科（Marcgraviaceae）、四籽树科（Tetrameristaceae）近缘，认为该属植物起源于中国南部地区 (Soltis et al. 2005, Janssens et al. 2006)。

该属植物的属下分类一直是一个最大的难题。J. D. Hooker 与Thomson (1859) 首先按照叶的排列、花序上花的数目以及花序类型等性状提出了凤仙花属分类总览，在属下划分为7个组，但由于所列性状出现交叉，一些种难以划分。随后，J. D. Hooker (1875) 依据果实形态将该属划分为2个系，同时又按照叶的排列、花序式样以及花各部形态和种子等特征，在系下划分为13类，但他对上述的分类并不感到满意。O. Warburg 和 K. Reiche (1895) 在《自然植物科志》中则依据该属叶基生或茎生等性状，把本属分为2个亚属，在亚属下又按照叶序式样、花序上花的数目以及花与距的长度之比等性状划分为14个组。此后，C. Grey–Wilson （1980）在其著作 *Impatiens of Africa* 中，为了便于检索，他将非洲产的凤仙花分为6个类群。近年来Yuan et al (2004)

及Janssens et al (2006)，依据分子证据进行了世界范围内的一些研究，探讨了凤仙花属内的演化关系。尽管如此，该属至今仍然没有一个较为合理的属下分类系统。

国产凤仙花的分类处理多参照J. D. Hooker (1908) 的工作，如陈艺林（1978，2001）、陈艺林等（2007）对我国凤仙花进行的分类处理。由于国产凤仙花种类繁多，亦未进行属下划分，故鉴定极其困难。笔者在前人工作的基础上，依据心皮数目、果实类型、花序式样以及花部形态，并结合叶表皮微形态、花粉形态、种皮微形态和分子证据 (ITS、*atp*B–*rbc*L)，对国产凤仙花属植物进行了属下划分的探讨，将国产凤仙花属植物划分为8个组。

凤仙花属分组检索表

1 子房4心皮，总状花序伸展或极度收缩成簇生状

2 总状花序伸展，花的内侧生萼片外露，翼瓣的上部裂片离生，果实每室1枚种子……………………1. 棒果组 (Sect. Clavicarpa S. X. Yu)

2 总状花序极度收缩成簇生状，花的内侧生萼片被外侧生萼片完全盖住，翼瓣的上部裂片合生，果实每室多数种子……………………2. 石山组 (Sect. Calcareimontana S. X. Yu)

1 子房5心皮，花序形态各异

3 果实纺锤形，种子圆形或卵圆形，总花梗极短或无……………………3. 梭果组 (Sect. Fusicarpa S. X. Yu)

3 果实非纺锤形，种子多样，总花梗较长

4 总花梗具多花，3–5朵以上

5 总状花序，花的侧生萼片2枚，果实长线形……………………4. 总状花序组 (Sect. Racemus S. X. Yu)

5 蝎尾状花序，花的侧生萼片4枚，果实弯棒状……………………5. 蝎尾状花序组 (Sect. Scorpioid–cyma S. X. Yu)

4 总花梗具2花少1花或3花。

6 花的侧生萼片4枚或2枚，2枚者翼瓣上部裂片顶端具长丝……………………6. 长丝组 (Sect. Longifilamenta S. X. Yu)

6 花的侧生萼片2枚，翼瓣上部裂片顶端不具长丝

7 叶片边缘具粗圆齿，果实长线形或细长棒状..7. 粗圆齿组 (Sect. Crena S. X. Yu)

7 叶片边缘具锯齿，果实圆柱状..8. 疏花组 (Sect. Laxiflora S. X. Yu)

各组简述

1. 棒果组（Section Clavicarpa S. X. Yu）

多年生草本，通常具块根；总状花序伸展，侧生萼片4枚，外侧生萼片不盖住内侧生萼片，翼瓣的上部裂片离生，唇瓣漏斗状或深囊状，子房4室，每室具1枚胚珠；3沟花粉；果实棒状。

主产广西、云南、贵州、四川、湖北、湖南及广东一带，越南北部也有。全世界约20种，中国19种（图6.1，6.2）。

图6.1 棒果组（Section Clavicarpa）的花果形态

A. 大叶凤仙花（*Impatiens apalophylla*）；B. 管茎凤仙花（*I. tubulosa*）；C. 麻栗坡凤仙花（*I. malipoensis*）；D. 耳叶棒凤仙花（*I. auriculata*）；E. 峨眉凤仙花（*I. omeiana*）；F. 湖北凤仙花（*I. pritzelii*）

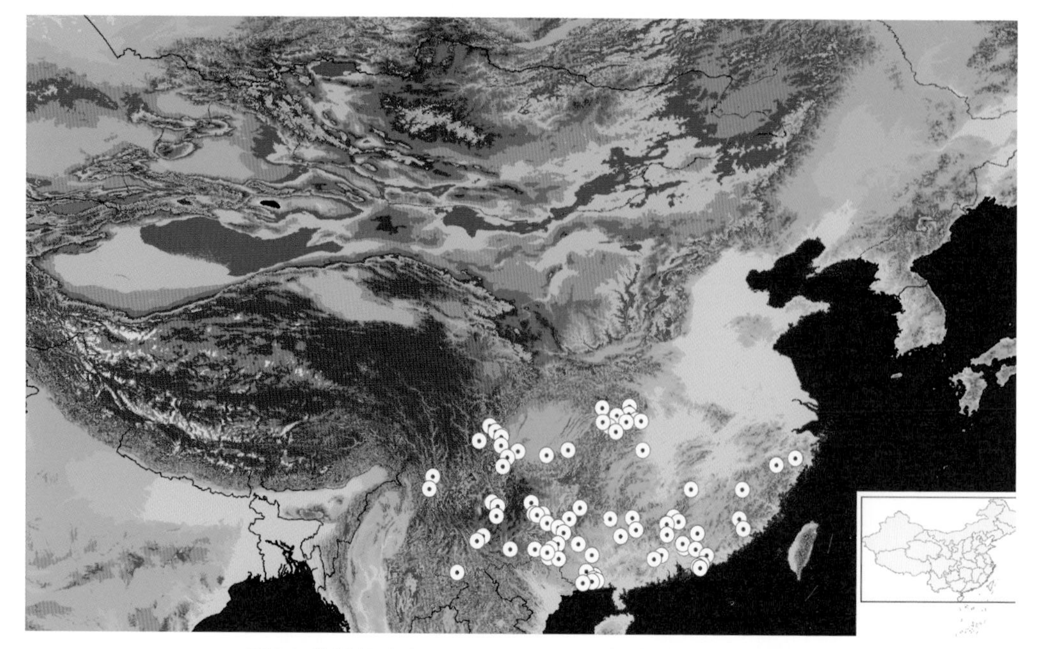

图6.2 棒果组（Section Clavicarpa）的地理分布格局

2. 石山组（Section Calcareimontana S. X. Yu）

总花梗极度收缩，花着生其上，近簇生，侧生萼片4枚，翼瓣的上部裂片合生，子房4心皮，每室胚珠多数。

该类植物依据生活习性是否为多年生可分为两类，但从分子证据上看，这种分类处理并不自然。翼瓣上部裂片合生的这一类植物，是一个十分独特的类群。前人(Shimizu, 1979)曾对泰国的该类植物进行了深入研究，并依据距的形态进行了类群内的划分，但对该类植物的起源和演化却未进行讨论。笔者仔细鉴定了线萼凤仙花（*I. linearisepala*），发现线萼凤仙花与该类植物均为4心皮，所不同的是线萼凤仙花具有明显的总花梗，翼瓣上部裂片离生，果实圆柱形。分子证据支持线萼凤仙花、窄萼凤仙花（*I. stenosepala*）与其他生长于石灰岩地区4心皮的种类构成姐妹群。如果分子证据比较真实地反映了该类植物的系统发育关系，那么对于这类仅生于石灰岩山地的4心皮种类而言，极度收缩的总花梗则是由原来具明显总花梗的种类特化而来，翼瓣的上部裂片合生也是为适应石灰岩山地的独特生境而后生的，推测应与传粉机制有关。

仅产华南及中南半岛的石灰岩山地。全世界近40种，中国8种（图6.3，6.4）。

图6.3 石山组（Section Calcareimontana）的花果形态

A. 裂萼凤仙花（*Impatiens lobulifera*）；B，D. 龙州凤仙花（*I. morsei*）；C，E. 凭祥凤仙花（*I. pingxiangensis*）；F. 棱茎凤仙花（*I. angulata*）

图6.4 石山组（Section Calcareimontana）的地理分布格局

3. 梭果组（Section Fusicarpa S. X. Yu）

叶互生或对生，小花柄生于上部叶腋，果实短纺锤形，光滑或被毛，种子多数。

该类植物可根据是否具有总花梗分为两个亚组，即簇生花亚组和短梗花亚组。花序上花多数，总状花序，是否与亚洲的种类具有相同的系统位置还有待进一步研究

主产华南地区及热带亚洲的南亚次大陆，非洲也有分布（图6.5，6.6）。

图6.5 梭果组（Section Fusicarpa）的花果形态

A，D. 华凤仙（*Impatiens chinensis*）；B. 凤仙花（*I. balsamina*）；C. 毛萼凤仙花（*I. trichosepala*）；E. 绿萼凤仙花（*I. chlorosepala*）；F. 那坡凤仙花（*I. napoensis*）

图6.6 梭果组（Section Fusicarpa）的地理分布格局

4. 总状花序组（Section Racemus S. X. Yu）

总状花序，多花，侧生萼片2枚，子房5室，果实线状圆柱形，种子多数。

根据花序类型分为两类，即总状花序亚组和近伞房状花序亚组。

主产华南、西南地区（图6.7，6.8）。

图6.7 总状花序组（Section Racemus）的花果形态

A. 槽茎凤仙花（*Impatiens sulcata*）；B. 舟状凤仙花（*I. cymbifera*）；C. 森地凤仙花（*I. sunkoshiensis*）；D. 草莓凤仙花（*I. fragicolor*）；E. 双角凤仙花（*I. bicornuta*）；F. 滇水金凤（*I. uliginosa*）

图6.8 总状花序组（Section Racemus）的地理分布格局

5. 蝎尾状花序组（Section Scorpioid-cyma S. X. Yu）

花序为蝎尾状，具花3~5朵及以上，侧生萼片多贝壳状，唇瓣深囊状，果实近棒状，种子表皮具突起。

从形态上看，该组系统学位置相对孤立，种间界限重叠严重，是分类学上的困难类群（图6.9，6.10）。

主产云南、广西、湖南及四川等地 。

图6.9 蝎尾状花序组（Section Scorpioid-cyma）的花果形态

A. 红纹凤仙花（*Impatiens rubro-striata*）；B. 滇南凤仙花（*I. duclouxii*）；C. 长角凤仙花（*I. longicornuta*）；D、E. 湖南凤仙花（*I. hunanensis*）；F. 贝苞凤仙花（*I. conchibracteata*）

图6.10 蝎尾状花序组（Section Scorpioid-cyma）的地理分布格局

6. 长丝组（Section Longifilamenta S. X. Yu）

总状花序常具1~2花，第3朵花常退化，不发育，侧生萼片2枚，翼瓣两上部裂片顶端常具长丝，唇瓣为漏斗形，常具条纹。

根据侧生萼片的数目，2枚或4枚，可分为两个亚类。其一，侧生萼片4枚，翼瓣的上部裂片及基部裂片顶端均不具细丝状的附属物；其二，侧生萼片2枚，翼瓣的上部裂片及基部裂片顶端均具细丝状的附属物，一般具2叉分裂的距，果实长线形，具多枚种子。分子系统学的证据支持该组的成立，虽然形态上存有差异。

主产四川西部，向东经湖北、河南南部、贵州、广西北部、江西直至台湾。多产于中高海拔（1000~3000m）山地（图6.11，6.12）。

图6.11 长丝组（Section Longifilamenta）的花果形态

A. 滇西北凤仙花（*Impatiens lecomtei*）；B. 喙萼凤仙花（*I. cornutisepala*）；C. 康定凤仙花（*I. soulieana*）；D. 条纹凤仙花（*I. vittata*）；E. 宽距凤仙花（*I. platyceras*）；F. 紫萼凤仙花（*I. platychlaena*）

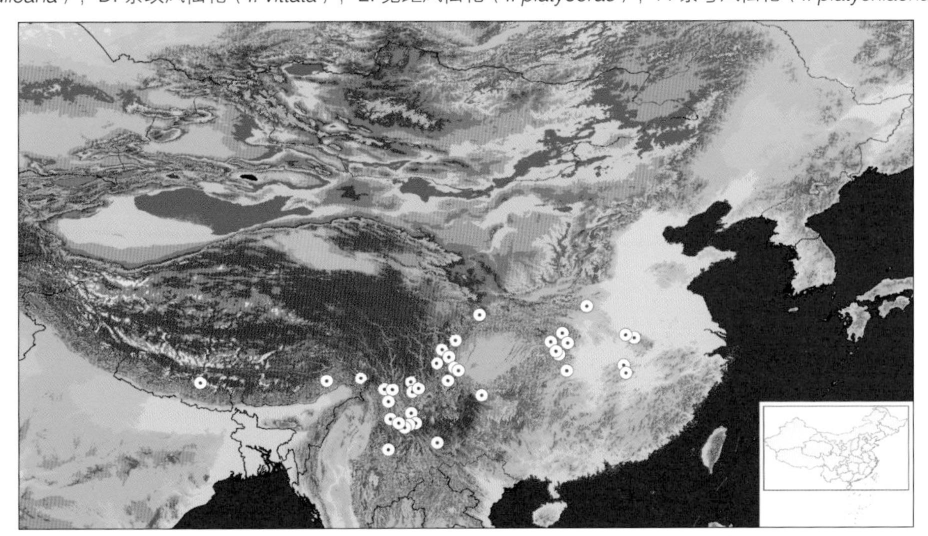

图6.12 长丝组（Section Longifilamenta）的地理分布格局

7. 粗圆齿组（Section Crena S. X. Yu）

叶片边缘具粗圆齿，叶片娇嫩，具1~2花，多2花，果实长线形，种子多数。

虽然分子证据不支持将水金凤放在该组中，但鉴于极其相近的形态特征，本书做出了如此处理。但只是为了方便鉴定、检索而已，至于其系统发育关系有待进一步研究。

本组除水金凤外，均为狭域分布，主产华中至西南一带（图6.13，6.14）。

图6.13 粗圆齿组（Section Crena）的花果形态

A. 波缘凤仙花（*Impatiens undulata*）；B. 顶喙凤仙花（*I. compta*）；C. 高山凤仙花（*I. nubigena*）；D. 罗平凤仙花（*I. poculifer*）；E. 耳叶凤仙花（*I. delavayi*）；F. 水金凤（*I. noli-tangere*）

图6.14 粗圆齿组（Section Crena）的地理分布格局

8. 疏花组（Section Laxiflora S. X. Yu）

多为一年生草本，叶椭形，具齿，总花梗明显，具2花，翼瓣上部裂片常为基部裂片的2倍，果线状圆柱形。

根据形态、微形态特征及分子证据可将该类分为3个亚组，①小耳亚组，翼瓣的小耳伸长，延伸到唇瓣的囊中。②小瓣亚组，翼瓣的上部裂片极小，基部裂片大，为上部裂片的3倍以上，果实圆柱形或线状圆柱形，种子多数。③长柄亚组，总花梗明显伸长为小花柄的3倍以上，唇瓣具有红色条纹。

主产西南、华南以及华东等地（图6.15，6.16）。

图6.15 疏花组（Section Laxiflora）的花部形态

A. 大旗瓣凤仙花（*Impatiens macrovexilla*）；B. 单花凤仙花（*I. uniflora*）；C. 陇南凤仙花（*I. potaninii*）；D. 糙毛凤仙花（*I. scabrida*）；E. 鸭跖草状凤仙花（*I. commellinoides*）；F. 睫毛萼凤仙花（*I. blepharosepala*）

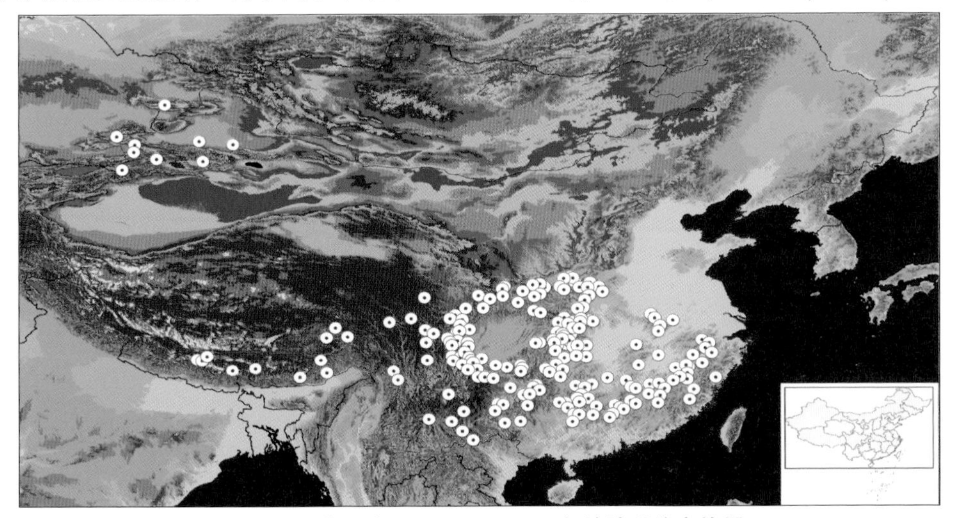

图6.16 疏花组（Section Laxiflora）的地理分布格局

糙毛凤仙花 (*Impatiens scabrida*)

第七章

主要凤仙花属植物

中国凤仙花属植物主要分布于我国南部。尤其华南和西南地区种类最丰富，且多为中国特有，而且滇、黔、桂地区的石灰岩专性种类，特有性水平更高。

Section 1

中 文 名： 大叶凤仙花

学　　名： Impatiens apalophylla Hook. f.

形态特征： 多年生草本。根状茎细长。茎粗壮，直立。叶互生，密集于茎上部，叶片矩圆状卵形或矩圆状倒披针形，先端渐尖，基部楔形，边缘具波状圆齿，齿间有小刚毛，侧脉9~10对。总花梗腋生，花4~10朵排成总状花序；花梗长约2厘米；花大，黄色；侧生萼片4枚，外面2枚，斜卵形，内面2枚，条状披针形；旗瓣椭圆形，先端圆，有小突尖，背面中肋细；翼瓣短，无柄，2裂，基部裂片矩圆形，先端渐尖，上部裂片狭矩圆形，先端圆钝，背面小耳宽；唇瓣囊状，基部突然延长成长距，距微弯或有时螺旋状；花药顶端钝。蒴果棒状。

花 果 期： 花期8—10月，果期9—11月。

生　　境： 生于山谷沟底、山坡草丛中，或林下阴湿处，海拔900~1500米。

分　　布： 中国特有，产广西、贵州及云南。

图　　注： 1. 整株；2. 花侧面观；3. 花正面观。

Section 1

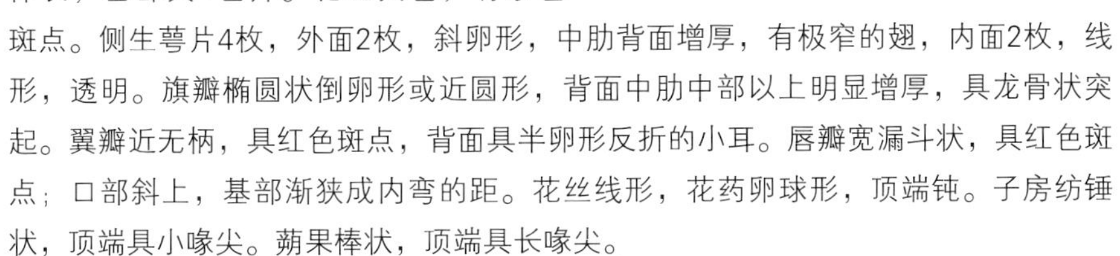

中 文 名： 耳叶棒凤仙花

学　　名： Impatiens auriculata S. H. Huang

形态特征： 一年生草本。全株无毛；茎肉质，直立或有时基部斜升。叶互生，无柄或近无柄，叶片倒卵状长圆形，边缘具粗圆齿，下部渐狭，基部耳状。总状花序，具3~8 (~11) 花。总花梗单生于上部叶腋；花梗结果时伸长，基部具1苞片。花金黄色，有紫色斑点。侧生萼片4枚，外面2枚，斜卵形，中肋背面增厚，有极窄的翅，内面2枚，线形，透明。旗瓣椭圆状倒卵形或近圆形，背面中肋中部以上明显增厚，具龙骨状突起。翼瓣近无柄，具红色斑点，背面具半卵形反折的小耳。唇瓣宽漏斗状，具红色斑点；口部斜上，基部渐狭成内弯的距。花丝线形，花药卵球形，顶端钝。子房纺锤状，顶端具小喙尖。蒴果棒状，顶端具长喙尖。

花 果 期： 花期6—9月。

生　　境： 生于山坡林下或阴湿处，海拔700~1120米。

分　　布： 中国特有，产广西和云南。

图　　注： 1. 花枝；2. 花正面观；3. 花侧面观；4. 果实。

Section 1

中 文 名： 赤水凤仙花

学　　名： Impatiens chishuiensis Y. X. Xiong

形态特征： 多年生草本。全株无毛。茎直立。叶互生，具柄，叶片卵状长圆形，顶端渐尖，基部楔形，边缘具粗圆齿，齿间具小刚毛，侧脉5~7对，叶柄长0.5~2厘米。总花梗单生于上部叶腋，具2~5花；花梗细，基部具1苞片。花黄色，长2~3.5厘米；侧生萼片4枚，外面2枚，斜卵形或卵形，内面2枚，线状披针形，透明。旗瓣椭圆形或卵形；中肋背面加厚，具窄龙骨状突起；翼瓣无柄，2裂，基部裂片斜卵形，上部裂片长圆形，背部具近半月形反折的小耳；唇瓣宽漏斗形，口部平展，先端尖，基部渐狭成内弯的距。花丝线形；花药小，顶端钝。子房直立，纺锤状。蒴果棒状，上部膨大，近球形，顶端具小喙尖。

花 果 期： 花期9—10月，果期10月。

生　　境： 生于山谷瀑布旁湿处，海拔400米。

分　　布： 中国特有，产贵州赤水十丈洞。

图　　注： 1. 居群；2. 花侧面观；3. 花背面观。

Section 1

中 文 名： 棒凤仙花

学　　名： Impatiens claviger Hook. f.

形 态 特征： 多年生草本。全株无毛。茎粗壮。叶互生，叶片膜质，倒卵形或倒披针形，边缘具圆锯齿，齿端具小尖，叶柄长1~2厘米。总花梗生于上部叶腋，短于叶，花多数，排成总状花序；花梗基部有苞片。花大，淡黄色，长4~5厘米，下垂，侧生萼片4枚，外面2，斜卵形，内面2枚，较长，线状披针形。旗瓣倒卵形，顶端圆形，背面中肋增厚，中上部具狭龙骨状突起；翼瓣无柄，2裂，基部裂片大，圆形，上部裂片较长，顶端圆钝，背部具圆形小耳；唇瓣檐部深囊状，口部斜上，基部急狭成内弯的距。花丝线形，上部扩大；花药卵球形，顶端钝。子房卵圆形，顶端具喙尖。蒴果棒状，顶端具喙尖。

花 果 期： 花期10月至次年1月，果期1—2月。

生　　境： 生于山谷林下潮湿处，海拔1000~1800米。

分　　布： 产云南和广西。越南也有分布。

图　　注： 1. 植株；2. 花的侧面观；3. 花的正面观。

Section 1

中 文 名： 贵州凤仙花

学　　名： Impatiens guizhouensis Y. L. Chen

形态特征： 多年生草本。全株无毛；茎肉质，直立或有时基部斜升。叶互生，具柄，叶片长圆状披针形或披针形，边缘具粗圆齿。总状花序，具3~8 (~11) 花。总花梗单生于上部叶腋；花梗结果时伸长，基部具1苞片。花粉红色，开展。侧生萼片4枚，外面2枚，斜卵形，中肋背面增厚，有极窄的翅，内面2枚，线形，透明。旗瓣椭圆状倒卵形或近圆形，背面中肋中部以上明显增厚，具龙骨状突起。翼瓣近无柄，具红色斑点，背面具半卵形反折的小耳。唇瓣宽漏斗状，具红色斑点；口部斜上，基部渐狭成内弯的距。花丝线形，花药卵球形，顶端钝。子房纺锤状，顶端具小喙尖。蒴果棒状，顶端具长喙尖。

花 果 期： 花期6—9月，果期8—10月。

生　　境： 生于山坡林下或阴湿处，海拔700~1120米。

分　　布： 中国特有，产贵州、广西、湖南及云南。

图　　注： 1. 花枝；2. 花侧面观；3. 花正面观。

Section 1

中 文 名： 麻栗坡凤仙花

学　　名： Impatiens malipoensis S. H. Huang

形态特征： 多年生草本。全株无毛；茎肉质，直立或有时基部斜升。叶互生，具柄，叶片卵状椭圆形至矩圆形，边缘具粗圆齿，齿端具小尖头。总花梗单生于上部叶腋；具3~5(~7) 花。花梗结果时伸长，基部具1苞片，披针形。花白色，开展。侧生萼片4枚，外面2枚，卵状披针形，内面2枚，线形，顶端锐尖。旗瓣倒心形，顶端具小短尖，背面中肋中部以上稍增厚，具龙骨状突起。翼瓣近无柄，具淡黄色斑，基部裂片卵状矩圆形，上部裂片矩圆形。唇瓣囊状或漏斗状；基部渐狭成内弯的距。花丝线形，花药顶端稍锐尖。子房纺锤状，顶端锐尖。蒴果棒状。

花 果 期： 9月至次年1月。

生　　境： 生于山坡林下或阴湿处，海拔700~1500米。

分　　布： 中国特有，产云南和广西。

图　　注： 1. 花枝；2. 花背面观；3. 花正面观；4. 花侧面观。

Section 1

中 文 名： 峨眉凤仙花

学　　名： Impatiens omeiana Hook. f.

形态特征： 多年生直立草本。根状茎粗壮，节膨大。叶互生，叶片披针形或卵状矩圆形，先端渐尖，基部楔形，边缘有粗圆齿，齿间有小刚毛，侧脉5~7对；叶柄长2~5厘米。总花梗顶生，花5~8朵排成总状花序；花梗细，基部有1卵状矩圆形苞片；花大，黄色；侧生萼片4枚，外面2枚，斜卵形，内面2枚，镰刀形；旗瓣三角状圆形，先端圆，有突尖，背面中肋稍增厚；翼瓣无柄，2裂，基部裂片近方形，上部裂片较长，斧形，先端圆，背面小耳宽；唇瓣漏斗状，基部延伸成卷曲的短距；花药顶端钝；子房纺锤形，果实棒状。

花 果 期： 花期8—9月，果期9—10（—11）月。

生　　境： 生于灌木林下或林缘，海拔900~1000米。

分　　布： 中国特有，仅产于四川峨眉山。

图　　注： 1. 花枝；2. 花正面观；3、4. 花侧面观。

Section 1

中 文 名： 小萼凤仙花

学　　名： Impatiens parvisepala S. X Yu et Y. T. Hou

形态特征： 多年生草本。全株无毛；茎肉质，直立。叶互生，顶端近轮生，近无柄，叶片倒卵形或倒卵状披针形，边缘具粗圆齿。总状花序，具6~8花。总花梗单生于上部叶腋；花梗结果时伸长，基部具1披针形苞片。花黄色，开展。侧生萼片4枚，外面2枚，斜卵形，极小，内面2枚，线形，长为外面侧生萼片的2~3倍。旗瓣倒卵形，背面中肋中部以上增厚不明显。翼瓣具柄，具红色斑点；基部裂片卵圆形，上部裂片长圆形。唇瓣宽漏斗状，具红色斑点；口部斜上，基部渐狭成近直的距。花丝线形，花药卵球形，顶端钝。子房纺锤状，顶端具小喙尖。蒴果棒状，顶端具长喙尖。

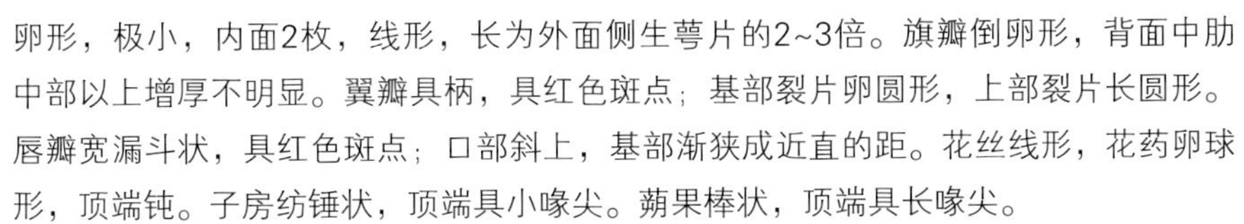

花 果 期： 花期9—10月，果期10—11月。

生　　境： 生于林下或阴湿处，海拔500米。

分　　布： 中国特有，产广西。

图　　注： 1. 花枝；2. 花侧面观；3. 花正面观。

Section 1

中 文 名： 湖北凤仙花

学　　名： *Impatiens pritzelii* Hook. f.

形态特征： 多年生草本。全株无毛。茎肉质，地下茎串珠状横走。叶互生，无柄或具短柄，叶片基部楔形，下延于叶柄，边缘具圆齿。总花梗生于上部叶腋，具3~8（~13）花。花总状排列，花梗细，基部有苞片。花黄色或黄白色，宽1.6~2.2厘米。侧生萼片4枚，外面2枚，宽卵形，顶端渐尖，不等侧，内面2枚，线状披针形，透明，顶端弧状弯。旗瓣宽椭圆形或倒卵形，中肋背面中上部稍增厚；翼瓣具宽柄，2裂，基部裂片倒卵形，上部裂片长圆形或近斧形，背部有反折的三角形小耳；唇瓣囊状，内弯，具淡红褐色斑纹，口部平展，先端尖，基部渐狭成内弯或卷曲的距。花丝线形；花药顶端钝。子房纺锤形，具长喙尖。

花 果 期： 花期9—10月，果期9—11月。

生　　境： 生于山谷林下、沟边及湿润草丛中，海拔400~1800米。

分　　布： 中国特有，产湖北、湖南及重庆。

图　　注： 1. 居群；2. 花侧面观。

Section 1

中 文 名： 青城山凤仙花

学　　名： *Impatiens qingchengensis* Y.-Y. Ming et X.-J. Ge

形态特征： 多年生直立草本。根状茎粗壮，节膨大。叶互生，常聚集于茎顶端，叶片矩圆形至椭圆形或宽椭圆形，先端渐尖，基部楔形，边缘有粗圆齿，齿间有小刚毛，侧脉5~6对。总花梗顶生，花5~10朵排成总状花序；基部有1早落的苞片；花大，淡粉红，或白色，喉部具黄色斑；侧生萼片4枚，外面2枚，斜卵形，内面2枚，线状披针形；旗瓣倒卵形至圆形，先端圆，有突尖，背面中肋稍加厚；翼瓣无柄，2裂，基部裂片圆形或卵形，上部裂片较长，矩圆形，背面小耳宽；唇瓣漏斗状，口部斜上，基部急狭为锥状距；花药顶端钝；子房纺锤形，果实棒状。

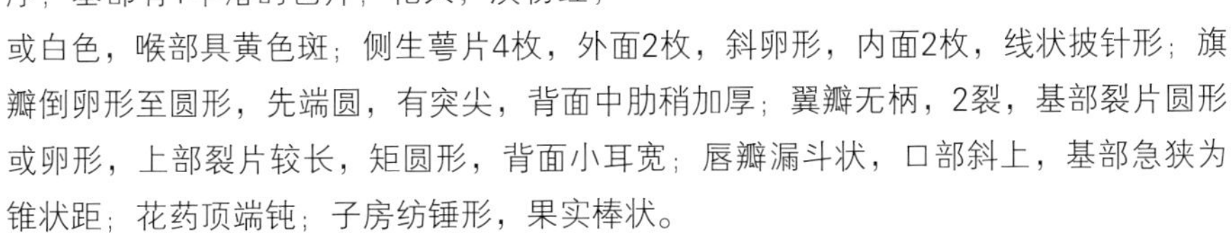

花 果 期： 花期7—9月，果期9—10（—11）月。

生　　境： 生于灌木林下或林缘，海拔700~1400米。

分　　布： 中国特有，产四川青城山。

图　　注： 1. 花枝；2、3. 花侧面观。

Section 1

中 文 名： 匙叶凤仙花

学　　名： Impatiens spathulata Y. X. Xiong

形态特征： 多年生草本。全株无毛。茎肉质，直立，干时具条纹。叶互生，具柄，叶片基部楔形，边缘具粗圆齿，叶柄长1.5~2厘米。总花梗生于上部叶腋，具2~4花；花梗细，基部具苞片。花总状排列，长2.5~3.5厘米，粉红色，侧生萼片4枚，外面2枚，斜卵形，顶端急尖，基部不等侧，具明显的脉，内面2枚，披针形，顶端外弯；旗瓣椭圆形，中肋背面增厚，具窄龙骨状突起；翼瓣无柄，2裂，基部裂片倒卵形，上部裂片近斧形，顶端微凹，背部具反折的大耳；唇瓣囊状，口部斜上，先端具小尖，基部渐狭成内卷的短距。花丝线形；花药顶端钝。子房纺锤形。

花 果 期： 花期8—10月，果期9—11月。

生　　境： 生于洞内瀑布旁湿地，海拔300~800米。

分　　布： 中国特有，产贵州和广西。

图　　注： 1. 花枝；2. 花解剖；3. 花正面观；4. 花侧面观。

Section 1

中 文 名： 管茎凤仙花

学　　名： *Impatiens tubulosa* Hemsl.

形态特征： 多年生草本。茎肉质，直立，无毛。叶互生，叶片基部狭楔形下延，边缘具圆齿，齿端具胼胝状小尖；叶柄长0.5~1.5厘米。总花梗和花序轴粗壮，具3~4（~5）花，排列成总状花序；花梗基部有1枚苞片；花黄色；侧生萼片4枚，外面2枚，斜卵形，背面中肋具狭翅，内面2枚，狭披针形或线状披针形。唇瓣囊状，口部略斜上，基部渐狭成上弯的距；旗瓣倒卵状椭圆形，背面中肋具绿色狭龙骨状突起，翼瓣具短柄，2裂，基部裂片长圆形，上部裂片倒卵形，背面无小耳；雄蕊5，花丝线形，花药卵球形；子房纺锤形，直立，顶端具5细齿裂。蒴果棒状，长2~2.5厘米，上部膨大，具喙尖。

花 果 期： 花期8—12月，果期9—12月。

生　　境： 生于林下或沟边阴湿处，海拔500~700米。

分　　布： 中国特有，产浙江、江西、福建、广东、广西及云南等地。

图　　注： 1. 居群；2、3. 花侧面观；4. 花正面观。

Section 1

中 文 名： 白花凤仙花

学　　名： Impatiens wilsonii Hook. f.

形态特征： 多年生直立草本。茎粗壮，节膨大。叶互生，叶片矩圆状倒卵形，或倒披针形，边缘有疏圆齿，齿间有小刚毛，叶柄短或几无柄，具疏腺体。总花梗生于枝或茎顶叶腋，花4~10朵，排成总状花序；花大，白色；侧生萼片4枚，外面2枚，卵形，内面2枚，马刀形；旗瓣椭圆形，先端微凹，有小突尖，背面中肋有狭龙骨状突起；翼瓣无柄，2裂，基部裂片矩圆形，上部裂片大，斧形，背部有短耳；唇瓣囊状，基部圆形，有内弯的短距；花药顶端钝；子房纺锤形。

花 果 期： 花期8—9月。

生　　境： 生于沟边或林下阴湿处，海拔800~1000米。

分　　布： 中国特有，产四川。

图　　注： 1. 花枝；2. 花侧面观；3. 花正面观；4. 花背面观。

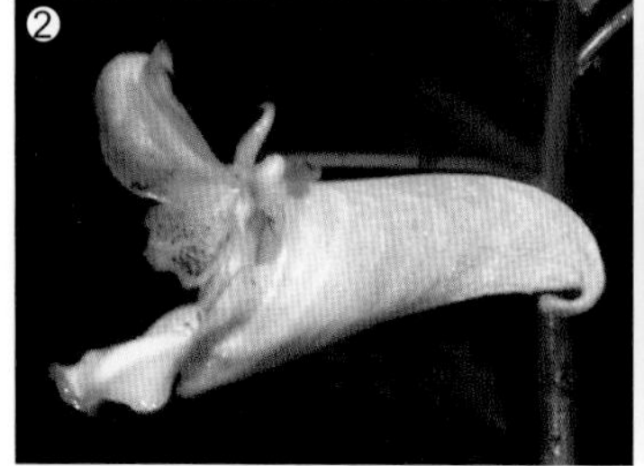

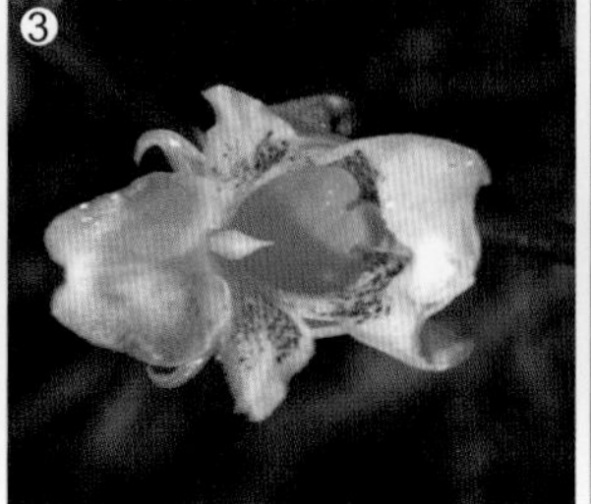

Section 2

中 文 名： 棱茎凤仙花

学　　名： *Impatiens angulata* S. X. Yu, Y. L. Chen et H. N. Qin

形态特征： 多年生草本。全株无毛。茎肉质，直立，具6~8条纵棱。叶互生，叶片椭圆形或长圆状椭圆形，基部具1对无柄的卵球形腺体，边缘有细锯齿，叶柄长1.5~2.5厘米。总花梗极短，单生于上部叶腋，具2花；花梗纤细，果时伸长，基部有苞片。花淡紫色或粉红色；侧生萼片4枚，有粉红色条纹，外面2枚，较大，斜卵形或卵圆形，全缘，顶端具突尖；里面2枚，极小，钻形；旗瓣卵圆形或矩圆形，背面中肋具龙骨状突起；翼瓣具柄，2裂，基部裂片圆形，上部裂片矩圆形；唇瓣宽漏斗状，口部平展，基部急狭成内弯的顶端2裂的距。花丝扁平；花药卵形，顶端钝。子房纺锤形。蒴果纺锤形，稍弯，具4棱，先端喙尖。

花 果 期： 花期3—4月，果期4—5月。

生　　境： 生于山谷溪流边，海拔420米。

分　　布： 产广西。越南也有分布。

图　　注： 1. 花枝；2. 花正面观；3. 花侧面观；4. 植株基部。

Section 2

中 文 名： 海南凤仙花

学　　名： Impatiens hainanensis Y. L. Chen

形态特征： 多年生草本。全株无毛。茎粗壮，肉质。叶互生，叶片卵状椭圆形或卵形，基部两侧有2个卵圆形无柄的腺体，边缘具圆锯齿；叶柄长2.5~5厘米。总花梗腋生，极短或近无梗，具1花，有时2花；花梗果期伸长，基部具1苞片。花较大，乳白色或淡粉红色。侧生萼片4枚，外面2枚，淡黄绿色，具疏紫色斑点，里面2枚，倒卵形，顶端凹。唇瓣短囊状，口部斜上，基部急收缩成顶端2裂的距。旗瓣微兜状，背面中肋增厚，具明显鸡冠状突起。翼瓣具短柄，2裂；基部裂片近圆形，上部裂片短，宽斧形，顶端微波状，背面小耳合生。花丝线形，上端扩大；花药卵形，顶端钝。子房纺锤状，直立。蒴果棒状，长2~2.2厘米，上部膨大，顶端具喙。

花 果 期： 花期6—7月，果期7—8月。

生　　境： 生于密林中或石灰岩石缝中，海拔1200~1300米。

分　　布： 中国特有，产海南。

图　　注： 1. 花枝；2. 花侧面观；3. 花正面观。

Section 2

中 文 名： 线萼凤仙花

学　　名： *Impatiens linearisepala* S. Akiyama, H. Ohba & S. K. Wu

形态特征： 一年生草本。全株无毛。茎肉质，直立。叶互生，常生于茎上部，叶片椭圆形，顶端急尖，基部楔形，边缘有锯齿，叶柄长1~2.5厘米。总花梗长2~2.5厘米，生于上部叶腋，具1~2花；花梗基部有卵形，顶端急尖的苞片。花黄色；侧生萼片4枚，外面2枚，卵形，边缘具齿，顶端具突尖，里面2枚，线形；旗瓣黄绿色，近圆形，背面中肋具龙骨状突起；翼瓣具柄，2裂，基部裂片矩圆形，上部裂片矩圆状倒卵形；唇瓣宽漏斗状，口部稍斜上，基部急收缢为内弯的短距。花丝线形，短；花药卵形，具膜质附属物，顶端钝。子房纺锤形。蒴果棒状，具4棱，近圆柱状。

花 果 期： 花期7—9月，果期8—10月。

生　　境： 生于山坡林下阴湿处，海拔1500~2000米。

分　　布： 中国特有，产云南和广西。

图　　注： 1. 花枝；2、3. 花侧面观；4. 花背面观；5. 花正面观。

Section 2

中 文 名： 裂萼凤仙花

学　　名： *Impatiens lobulifera* S. X. Yu, Y. L. Chen et H. N. Qin

形态特征： 多年生草本。全株无毛。茎肉质，直立，常具紫色斑点，上部常分枝。叶互生，叶片卵形或卵圆形，基部具1对无柄的卵球形腺体，边缘有细锯齿，侧脉7~9对，叶柄长2~3厘米。总花梗极短，单生于上部叶腋，具4~5花；花梗纤细，果时伸长，基部有卵状披针形苞片。花淡黄色或黄绿色；侧生萼片4枚，外面2枚，较大，贝壳状，宽椭圆形或近圆形，全缘，顶端具突尖，里面2枚，披针形，顶端具4枚指状裂片；旗瓣椭圆形或卵状椭圆形，背面中肋具龙骨状突起；翼瓣具柄，2裂，基部裂片圆形，上部裂片半圆形；唇瓣宽漏斗状，口部稍斜上，基部狭长，内弯成顶端2裂的距。花丝线形，极短；花药卵形，顶端钝。子房纺锤形。蒴果棒状，具4棱，先端具喙尖。

花 果 期： 花期3—4月，果期4—5月。

生　　境： 生于山坡林下阴湿处，海拔700~1000米。

分　　布： 中国特有，产广西。

图　　注： 1. 花枝；2. 花正面观；3. 花侧面观；4. 果实。

Section 2

中 文 名： 龙州凤仙花

学　　名： *Impatiens morsei* Hook. f.

形态特征： 一年生草本。全株无毛。茎粗壮，肉质，直立，带紫褐色。叶互生，叶片较厚，基部楔形或渐尖，边缘具细锯齿或小圆齿，基部具1对球形腺体。叶柄粗，长3~5厘米。无总花梗，花梗单生于上部叶腋，无苞片，花后伸长。花开展，长2.5~3厘米，白色、粉红色或紫色，内面具橙色斑点。侧生萼片2枚，绿色，斜圆形，较厚。旗瓣圆形，顶端2裂，背面中肋增厚；翼瓣具柄，2裂，基部裂片镰刀状扇形，上部裂片长圆形，合生成2裂的片状，背部具不明显的小耳。唇瓣檐部舟状或漏斗状，口部平展，基部急狭成内弯而短于檐部的短距。花丝线形，上部宽扁；花药顶端钝。子房纺锤形，顶端具弯喙尖。

花 果 期： 花期5—6月，果期6—7月。

生　　境： 生于山谷水旁密林下阴湿处，海拔400~950米。

分　　布： 产广西。越南也有分布。

图　　注： 1. 花枝；2. 花正面观；3、4. 花侧面观。

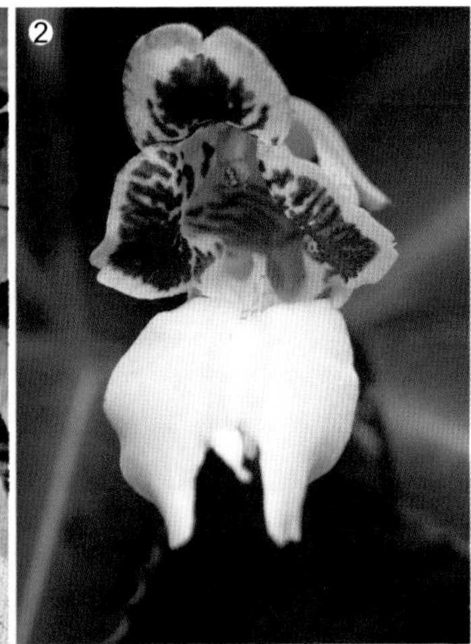

Section 2

中 文 名： 丰满凤仙花

学　　名： *Impatiens obesa* Hook. f.

形态特征： 一年生肉质草本。全株无毛。茎直立。叶互生，叶片基部楔形，渐狭成长1~4厘米的叶柄，边缘具细锯齿，基部两侧具2枚无柄的大腺体。总花梗生于上部叶腋，单花或2花，花梗细，基部具小苞片。花粉紫色，长2~3厘米，侧生萼片4枚，外面2枚，圆形或椭圆状圆形，内面2枚，极小，卵形。旗瓣宽倒卵形或楔形，顶端2裂或截形，背面中肋增厚，具鸡冠状突起。翼瓣无柄，2裂，基部裂片倒卵形，开展，上部裂片斧形，常联合或粘贴成2裂的宽片状，背部具反折的三角形小耳。唇瓣短囊状或杯状，口部斜上，基部急狭成内弯的短距。花丝线形，花药卵球状。子房纺锤形，直立。蒴果纺锤形，具柄。

花 果 期： 花期6—7月，果期7—8月。

生　　境： 生于山坡林缘或山谷水旁，海拔400~750米。

分　　布： 中国特有，产广东和广西。

图　　注： 1. 居群；2. 花背面观；3. 花侧面观；4. 花正面观。

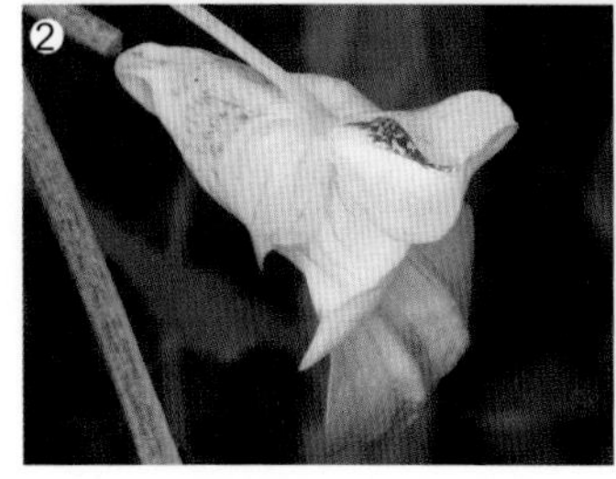

Section 2

中 文 名： 凭祥凤仙花

学　　名： *Impatiens pingxiangensis* H. Y. Bi et S. X. Yu

形态特征： 多年生草本。全株无毛。茎肉质，灌木状，直立。叶互生，叶片椭圆形或长圆状椭圆形，基部具1对无柄的卵球形腺体，边缘具细锯齿，侧脉7~9对。叶柄长2~3厘米。总花梗极短，单生于上部叶腋，具1~2花；基部有苞片。花淡紫色或粉红色；侧生萼片4枚，外面2枚，较大，斜卵形或卵圆形，全缘，里面2枚，小，卵圆形，鳞片状；旗瓣卵圆形，背面中肋具狭龙骨状突起；翼瓣具柄，2裂，基部裂片圆形，上部裂片半圆形；唇瓣宽漏斗状，多少具粉色条纹，口部平展，基部急狭成内弯的短距。花丝线形，极短；花药顶端钝。子房纺锤形。蒴果棒状，具4棱，顶端收缢，先端具喙尖。

花 果 期： 花期6—7月，果期7—8月。

生　　境： 生于山坡向阳处，海拔200~500米。

分　　布： 中国特有，产广西。

图　　注： 1. 整株；2. 花侧面观；3. 植株基部；4. 花正面观。

Section 2

中 文 名： 多脉凤仙花

学　　名： Impatiens polyneura K. M. Liu

形态特征： 一年生草本。全株无毛。茎肉质，直立，常具紫色斑点。叶互生，叶片椭圆形或长圆状椭圆形，基部具1对无柄的卵球形腺体，边缘具细锯齿，叶柄长2.6~6厘米，有紫色斑点。总花梗短，单生于上部叶腋，具2花，少具1花；花梗纤细，果时伸长，基部有苞片。花淡紫色；侧生萼片4枚，有紫色斑点，外面2枚，较大，宽椭圆形或近圆形，全缘，里面2枚，极小；旗瓣倒卵状长圆形，背面中肋具龙骨状突起；翼瓣具柄，2裂，基部裂片圆形，上部裂片半圆形；唇瓣宽漏斗状，具紫色斑点，口部稍斜上，基部狭长，内弯成顶端2裂的距。花丝线形，极短；花药卵形，顶端钝。子房纺锤形。蒴果纺锤形，具4棱，稍弯，先端具喙尖。

花 果 期： 花期6—8月，果期7—9月。

生　　境： 生于山谷溪流边，海拔420米。

分　　布： 中国特有，产湖南。

图　　注： 1. 花枝；2. 花后面观；3. 花正面及侧面观；4. 花正面观。

Section 2

中 文 名： 岩生凤仙花

学　　名： *Impatiens rupestris* K. M. Liu & X. Z. Cai

形态特征： 一年生草本。全株无毛。茎肉质，直立，常具紫色斑点。叶互生，叶片椭圆形或卵状椭圆形，基部具1对无柄的卵球形腺体，边缘具细锯齿，侧脉11~16对，叶柄长2.6~6厘米，有紫色斑点。总花梗极短，单生于上部叶腋，具1花，少具2花；花梗基部具苞片。花淡紫色；侧生萼片4枚，外面2枚，较大，卵形或近圆形，全缘；里面2枚，极小，线形或狭披针形；旗瓣宽倒卵形，背面中肋具龙骨状突起；翼瓣具柄，2裂，基部裂片卵圆形，上部裂片倒卵形或近圆形；唇瓣宽漏斗状，具紫色斑点，口部稍斜上，基部狭长，内弯成顶端2裂的距。花丝线形，极短；花药卵形，顶端钝。子房纺锤形。蒴果纺锤形，具4棱，稍弯，先端具喙尖。

花 果 期： 花期7—9月，果期8—10月。

生　　境： 生于山谷溪流边，海拔350米。

分　　布： 中国特有，产湖南。

图　　注： 1. 整株；2. 花侧面观；3. 花蕾。

Section 2

中 文 名： 窄萼凤仙花

学　　名： *Impatiens stenosepala* Pritz. ex Diels

形态特征： 一年生草本。直立，茎和枝上有紫色或红褐色斑点。叶互生，叶片矩圆形或矩圆状披针形，基部楔形，边缘具圆锯齿，基部有少数缘毛状腺体；叶柄长2.5~4.5厘米。总花梗腋生，有花1~2朵；花梗纤细，基部有1枚条形苞片；花大，紫红色；侧生萼片4枚，外面2枚，条状披针形，内面2枚，条形；旗瓣宽肾形，先端微凹，背面中肋有龙骨状突起，中上部具小喙；翼瓣无柄，2裂，基部裂片椭圆形，上部裂片矩圆状斧形，背面具近圆形的小耳；唇瓣囊状，基部圆形，有内弯的短矩；花药顶端钝。蒴果条形。

花 果 期： 花期8—9月，果期9—10月。

生　　境： 生于山坡林下、山沟水旁草丛中，海拔800~1800米。

分　　布： 中国特有，产贵州、重庆、湖南、湖北、陕西、甘肃、河南及山西。

图　　注： 1. 整株；2. 花枝；3. 花侧面观；4. 花正面观。

Section 3

中 文 名： 缅甸凤仙花

学　　名： *Impatiens aureliana* Hook. f.

形态特征： 一年生矮小草本。茎直立。叶互生，叶片坚硬，卵形或卵状披针形，基部渐狭成长5~12毫米的叶柄，边缘具不明显的圆齿或全缘。花单生上部叶腋，粉紫色，宽约2厘米，花梗细，被开展柔毛，基部具小苞片或仅具1小芽。侧生萼片2枚，狭钻形，旗瓣粉紫色，宽倒卵形，背面中肋增厚，具狭龙骨状突起；翼瓣短，无柄，2裂，基部裂片宽长圆形，顶端微凹，或截形，上部裂片三角状卵形，顶端圆形或微凹，背部具半圆形的小耳。唇瓣檐部舟状，口部斜上，基部急狭成细距。花丝短，钻形，上端稍扩大；花药小，卵球状，顶端钝。子房卵形，顶端尖，被短毛。蒴果纺锤形，被绒毛，顶端具喙尖。

花 果 期： 花期7—9月。

生　　境： 生于阔叶林中或河岸边，海拔680~1700米。

分　　布： 产云南。缅甸也有分布。

图　　注： 1. 花枝；2. 花正面观；3. 花侧面观。

向建英摄

向建英摄

向建英摄

Section 3

中 文 名： 凤仙花

学　　名： Impatiens balsamina L.

形态特征： 一年生草本。茎肉质，直立。叶互生，最下部叶有时对生；叶片披针形、狭椭圆形或倒披针形，边缘有锐锯齿，叶柄长1~3厘米。花单生或2~3朵簇生于叶腋，无总花梗，白色、粉红色或紫色，单瓣或重瓣；花梗密被柔毛；苞片线形，位于花梗的基部；侧生萼片2枚，卵形或卵状披针形，唇瓣深舟状，被柔毛，基部急狭成内弯的距；旗瓣圆形，兜状，背面中肋具狭龙骨状突起，翼瓣具短柄，2裂，基部裂片倒卵状长圆形，上部裂片近圆形，先端2浅裂，背部近基部具小耳；雄蕊5，花丝线形，花药卵球形；子房纺锤形，密被柔毛。蒴果宽纺锤形，两端尖，密被柔毛。

花 果 期： 7—10月。

生　　境： 我国各地庭园广泛栽培，为习见的观赏花卉。

分　　布： 原产印度，我国各地均有栽培。

图　　注： 1. 花枝；2. 果实；3. 花侧面观。

Section 3

中 文 名： 华凤仙

学　　名： Impatiens chinensis L.

形 态 特征： 一年生草本。茎纤细，无毛。叶对生，叶片硬纸质，线形或线状披针形，稀倒卵形，先端尖或稍钝，基部近心形或截形，有托叶状腺体，边缘疏生刺状锯齿。花较大，单生或2~3朵簇生于叶腋，无总花梗，紫红色或白色；花梗细，一侧常被硬糙毛；苞片线形，位于花梗基部；侧生萼片2枚，线形，唇瓣漏斗状，具条纹，基部渐狭成内弯或旋卷的长距；旗瓣圆形，背面中肋具狭翅，翼瓣无柄，2裂，基部裂片小，近圆形，上部裂片宽倒卵形至斧形，背部近基部具小耳；雄蕊5，花丝线形，扁，花药卵球形，顶端钝；子房纺锤形，直立，稍尖。蒴果椭球形，无毛，中部膨大，顶端具喙尖。

花 果 期： 7—11月。

生　　境： 常生于池塘、水沟旁、田边或沼泽地，海拔100~200米。

分　　布： 产江西、福建、浙江、湖南、广东、广西及云南等地。越南、印度、缅甸、泰国和马来西亚也有分布。

图　　注： 1. 居群；2. 花枝；3. 花侧面观。

Section 3

中 文 名： 贡山凤仙花

学　　名： Impatiens gongshanensis Y. L. Chen

形态特征： 一年生矮小草本。全株无毛。茎直立。叶互生，叶片披针形或狭长圆状披针形，基部狭楔形，下延成长5~10毫米的叶柄，边缘具密圆齿。总花梗生于上部叶腋，短于或约等长于叶，仅具1花，在花梗中部或中上部有苞片。花大，蓝紫色，侧生萼片2枚，斜宽卵形，或卵状圆形，旗瓣圆形，中肋背面增厚，中部或中下部具鸡冠状突起；翼瓣无柄，2裂，基部裂片圆卵形，上部裂片斧形，背部具反折的半月形小耳；唇瓣檐部宽漏斗形，口部近平展，基部急狭成内卷顶端不分裂的距。距粉红色，具条纹。花丝线形，花药卵球状。子房纺锤形，弯，顶端具喙尖。成熟蒴果纺锤形，顶端具喙尖。

花 果 期： 花期8—9月。

生　　境： 生于瀑布旁石缝中，海拔1200~1300米。

分　　布： 中国特有，产云南贡山。

图　　注： 1. 花枝；2. 花侧面观；3. 花正面观。

Section 3

中 文 名： 横断山凤仙花

学　　名： *Impatiens hengduanensis* Y. L. Chen

形态特征： 一年生草本。全株无毛，高10~15厘米。叶互生，叶片膜质，倒卵形或长圆状卵形，边缘具圆锯齿，齿端具小尖。叶柄长5~10毫米，总花梗生于上部叶腋，短于叶，具1~2花；花梗基部有苞片。花小，金黄色，长1.5厘米，侧生萼片4枚，外面2枚，卵状披针形，内面2枚，极小，线状披针形。旗瓣椭圆形，顶端圆形，背面中肋不增厚，被微毛；翼瓣具柄，2裂，基部裂片长圆形，上部裂片斧形，顶端钝，背部具圆形小耳；唇瓣狭漏斗状，口部斜上，基部渐狭成内弯的距。花丝线形，上部扩大；花药卵球形，顶端钝。子房卵球形，顶端具喙尖。蒴果纺锤形，顶端具喙尖。

花 果 期： 花期7—8月，果期8—9月。

生　　境： 生于山谷疏林或林缘潮湿处，海拔1400~1500米。

分　　布： 中国特有，产云南贡山。

图　　注： 1. 花枝；2. 花正面观；3. 花侧面观。

Section 3

中 文 名： 卡地凤仙花

学　　名： Impatiens kamtilongensis Toppin

形态特征： 多年生草本。全株具开展柔毛。茎粗壮，直立。叶互生，常聚集于茎端，叶片宽椭圆形至椭圆形，先端渐尖，基部楔形，边缘有粗圆齿或圆锯齿，两面被毛，叶柄长5~7厘米。总花梗长3~4厘米，腋生，花2朵，花梗纤细，疏被毛，苞片线形；花黄色，具红斑；侧生萼片2枚，卵形，绿色，先端渐尖，被柔毛；旗瓣圆形，背面中肋增厚，具角状附属物，先端有短尖；翼瓣具柄，2裂，基部裂片扁圆形，上部裂片宽斧形或半月形，背面有明显的小耳；唇瓣檐部宽漏斗状，基部延长成内弯的距；花药顶端钝。蒴果条状纺锤形。

花 果 期： 8—11月。

生　　境： 生于山谷阴湿处，海拔500~1200米。

分　　布： 产云南和广西。缅甸也有分布。

图　　注： 1. 花枝；2. 果实；3. 花正面观；4. 花侧面观。

Section 3

中 文 名： 那坡凤仙花

学　　名： *Impatiens napoensis* Y. L. Chen

形态特征： 一年生草本。茎横走或平卧。叶互生，叶片卵形或卵状椭圆形，顶端尖或短渐尖，基部宽楔形或近圆形，急狭成长1~3厘米的叶柄，边缘具圆齿。总花梗生于小枝顶端叶腋，具1花；花梗细，被密微毛，中部具2苞片。花大，粉红色，长3.5~4厘米，侧生萼片2枚，宽卵形；旗瓣近圆形，中肋背面具窄龙骨状突起；翼瓣近无柄，2裂，基部裂片小，扁圆形，顶端圆形，上部裂片斧形，顶端钝，背部具反折的半月形小耳；唇瓣檐部宽漏斗形，口部平展，基部渐狭成内弯的距。花丝线形；花药卵形，顶端钝。子房线形，长4~5毫米，直立，顶端弯，具喙尖。蒴果纺锤形。

花 果 期： 花期11月。

生　　境： 山坡岩缝中，海拔1300米。

分　　布： 中国特有，产广西。

图　　注： 1. 花枝；2. 果实；3、4. 花侧面观。

1

2

3

4

Section 3

中 文 名： 微绒毛凤仙花

学　　名： *Impatiens tomentella* Hook. f.

形态特征： 一年生草本。茎肉质，直立或斜升。叶互生，叶片卵形或长圆状披针形，顶端渐尖，基部楔形，边缘具圆锯齿，叶柄粗，长1~1.5厘米。总花梗生于上部叶腋，短于叶，密被微绒毛，具2花；花梗细，中下部具苞片。花橘黄色，长1.5~2厘米，侧生萼片2枚，卵形。旗瓣近肾形，中肋背面增厚，具鸡冠状突起；翼瓣短，无柄，2裂，基部裂片宽楔形，上部裂片半月形，顶端圆形，背部具明显的小耳。唇瓣檐部漏斗状，口部斜上，被疏柔毛，基部渐狭成向上内弯的细距。花丝线形；花药极小，顶端钝。子房纺锤形。蒴果线形，中部以下变狭，顶端急尖，略弯。

花 果 期： 花期7—8月。

生　　境： 生于山坡常绿阔叶林下阴湿处，海拔1400~1800米。

分　　布： 中国特有，产云南和广西。

图　　注： 1. 花背面观；2、3. 花正面观。

Section 3

中 文 名： 毛萼凤仙花

学　　名： Impatiens trichosepala Y. L. Chen

形态特征： 一年生矮小草本。茎肉质，直立或基部斜升。叶互生，叶片狭披针形或倒披针形，边缘具圆锯齿，叶柄长1~2.5厘米。总花梗单生于上部叶腋，明显短于叶，疏被短柔毛，中部或中上部具苞片。花单生，较大，长4~4.5厘米，黄色，侧生萼片2枚，卵形或长圆状卵形，背面及边缘具多细胞长毛；旗瓣兜状，圆形，中肋背面具明显龙骨状突起；翼瓣具短柄或近无柄，2裂，基部裂片近圆形，上部裂片宽斧形，背部具反折的半月形小耳；唇瓣檐部宽漏斗状，疏被短柔毛，口部斜上，基部渐狭成长约2.5厘米内弯的距。花丝线形；花药卵球形。子房纺锤形，具短喙尖。未成熟蒴果线状圆柱形。

花 果 期： 花期7—9月。

生　　境： 生于山谷河边或疏林中，或潮湿草丛中，海拔500~700米。

分　　布： 中国特有，产广西、贵州及云南。

图　　注： 1. 花枝；2. 花正面观；3. 幼果；4. 花侧面观。

Section 3

中 文 名： 吴氏凤仙花

学 名： Impatiens wuchengyii S. Akiyama, H. Ohba & S. K. Wu

形态特征： 多年生草本。全株被开展柔毛。茎粗壮，直立。叶互生，常聚集于茎端，叶片卵形或卵状矩圆形，先端渐尖，基部楔形，边缘有粗圆齿或圆锯齿，叶柄长1.5~2.5厘米。总花梗长2.5~3厘米，腋生，花2朵，花梗纤细，疏被毛，苞片线形；花黄色；侧生萼片2枚，披针形，绿色，先端渐尖，被柔毛；旗瓣圆形，背面中肋增厚，具角状附属物，先端有短尖；翼瓣具柄，2裂，基部裂片扁圆形，上部裂片宽斧形或半月形，背面有明显的小耳；唇瓣檐部宽漏斗状，基部延伸成内弯的距；花药顶端钝。蒴果条状纺锤形。

花 果 期： 花期7—10月，果期8—11月。

生 境： 生于山谷阴湿处、水沟边、密林中，海拔700~1500米。

分 布： 中国特有，产云南。

图 注： 1. 长枝及花侧面观。

Section 3

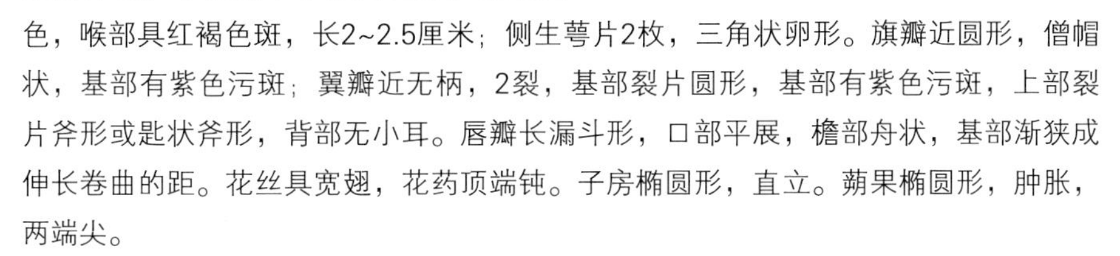

中 文 名： 金黄凤仙花

学　　名： Impatiens xanthina Comber

形态特征： 一年生矮小草本。茎上部被粗微毛。叶互生，叶片披针形或椭圆状披针形，或长圆状匙形，边缘具圆锯齿，上部叶近无柄，下部叶基部渐狭成长约1.5厘米的叶柄。总花梗细，短于叶的1/2，具1~2花；花梗果期伸长，中部或中下部具苞片。花金黄色，喉部具红褐色斑，长2~2.5厘米；侧生萼片2枚，三角状卵形。旗瓣近圆形，僧帽状，基部有紫色污斑；翼瓣近无柄，2裂，基部裂片圆形，基部有紫色污斑，上部裂片斧形或匙状斧形，背部无小耳。唇瓣长漏斗形，口部平展，檐部舟状，基部渐狭成伸长卷曲的距。花丝具宽翅，花药顶端钝。子房椭圆形，直立。蒴果椭圆形，肿胀，两端尖。

花 果 期： 花期8—9月，果期10月。

生　　境： 生于山谷、林下岩石边阴湿处，海拔1600~2800米。

分　　布： 产云南。缅甸也有分布。

图　　注： 1. 居群；2. 花侧面观（无距变型）；3. 花正面观；4. 花侧面观。

Section 4

中文名： 抱茎凤仙花

学　名： Impatiens amplexicaulis Edgew.

形态特征： 一年生草本。茎直立，无毛。叶无柄，下部对生，上部互生，叶片基部圆形或心形，抱茎，具球形腺体，边缘具圆锯齿，齿端具小尖，侧脉9~10对，两面无毛。总花梗腋生；花粉红色或粉紫色，6~12个排成伞形或总状花序；花梗上端膨大，基部有卵状披针形苞片；侧生萼片2枚，斜长圆形，稀镰刀形；旗瓣近圆形，背面中肋具窄龙骨状突起，顶端具喙尖；翼瓣无柄，2裂，基部裂片近圆形，顶端渐尖，上部裂片卵形，具斑点；唇瓣斜囊状，基部急狭成内弯的短距；花药顶端钝。蒴果近圆柱形，顶端具喙尖。

花果期： 花期7—8月，果期8—9月。

生　境： 生于路边灌丛中，海拔2900~3900米。

分　布： 产西藏和云南。喜马拉雅温带山区西部、印度西北部也有分布。

图　注： 1. 花枝；2、3. 花侧面观；4. 花正面观。

Section 4

中 文 名： 水凤仙花

学　　名： *Impatiens aquatilis* Hook. f.

形态特征： 一年生草本。全株无毛。茎直立，绿色或带紫色。叶互生，叶片披针形，边缘具圆锯齿或细锯齿，叶柄长5~15毫米，基部具1对具柄的腺体。总花梗生于上部叶腋，长于叶，直立，具6~10花；花梗结果时略伸长，基部具苞片。花较大，粉紫色，长

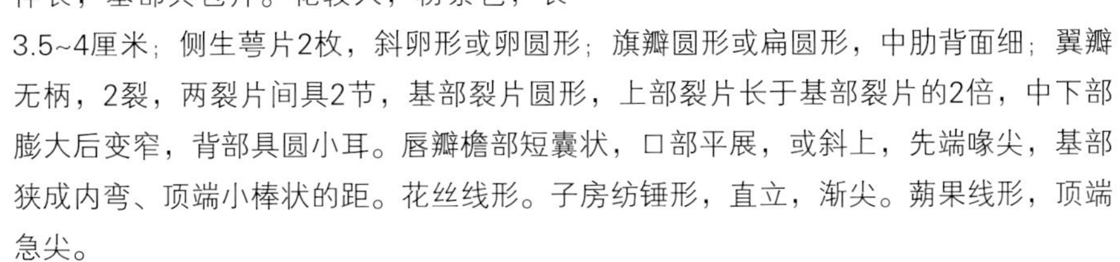

3.5~4厘米；侧生萼片2枚，斜卵形或卵圆形；旗瓣圆形或扁圆形，中肋背面细；翼瓣无柄，2裂，两裂片间具2节，基部裂片圆形，上部裂片长于基部裂片的2倍，中下部膨大后变窄，背部具圆小耳。唇瓣檐部短囊状，口部平展，或斜上，先端喙尖，基部狭成内弯、顶端小棒状的距。花丝线形。子房纺锤形，直立，渐尖。蒴果线形，顶端急尖。

花 果 期： 花期8—9月，果期10月。

生　　境： 生于湖边或溪边阴湿处，海拔1000~3000米。

分　　布： 中国特有，产云南、四川、广西及贵州。

图　　注： 1. 花枝；2. 花侧面观；3. 花正面观。

Section 4

中 文 名： 双角凤仙花

学　　名： Impatiens bicornuta Wall.

形态特征： 一年生高大草本。茎粗壮，无毛。叶互生，叶片椭圆形或椭圆状披针形，顶端尾状渐尖，基部楔形，边缘有粗圆齿，齿间有小刚毛，叶柄长2~7厘米，基部具球状腺体。总花梗直立，密集于茎上部叶腋，花多数，排成中断的总状花序；花梗束生或轮生，纤细，基部有卵形苞片。花淡蓝紫色，长1.5~2.5厘米；侧生萼片2枚，小，斜卵形，顶端具芒状腺体；旗瓣近圆形，顶端具小尖头；翼瓣无柄，2裂，基部裂片近圆形，顶端圆钝，上部裂片狭成尾状，稍尖，背面有反折的小耳；唇瓣宽锥状或弯囊状，口部具角，基部急收缩成钩状或内弯的短距，具紫色斑点，花药顶端钝。蒴果圆柱形，顶端具喙尖。

花 果 期： 花期6—8月。

生　　境： 生于海拔2400~2800米的水边草地或阔叶林或铁杉林下。

分　　布： 产西藏。印度、尼泊尔也有分布。

图　　注： 1. 花枝；2. 花侧面观；3. 花正面观。

Section 4

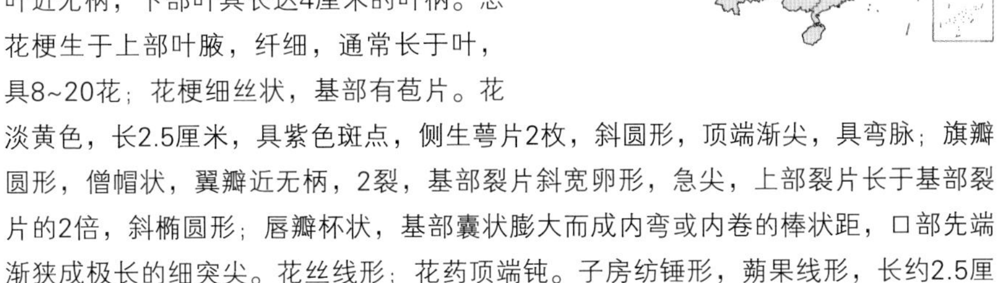

中 文 名： 具角凤仙花

学　　名： Impatiens ceratophora Comber

形态特征： 一年生草本。全株无毛。茎直立。叶互生，向上近轮生，叶片披针形或椭圆状披针形，边缘具圆锯齿，齿间具刚毛，上部的叶近无柄，下部叶具长达4厘米的叶柄。总花梗生于上部叶腋，纤细，通常长于叶，具8~20花；花梗细丝状，基部有苞片。花淡黄色，长2.5厘米，具紫色斑点，侧生萼片2枚，斜圆形，顶端渐尖，具弯脉；旗瓣圆形，僧帽状，翼瓣近无柄，2裂，基部裂片斜宽卵形，急尖，上部裂片长于基部裂片的2倍，斜椭圆形；唇瓣杯状，基部囊状膨大而成内弯或内卷的棒状距，口部先端渐狭成极长的细突尖。花丝线形；花药顶端钝。子房纺锤形，蒴果线形，长约2.5厘米。顶端具喙尖。

花 果 期： 花期8—9月。

生　　境： 生于山坡水沟边或混交林下潮湿处，海拔1700~2700米。

分　　布： 产云南。缅甸也有分布。

图　　注： 1. 花枝；2. 花正面观及侧面观；3. 花序。

Section 4

中 文 名： 浙江凤仙花

学　　名： Impatiens chekiangensis Y. L. Chen

形态特征： 一年生草本。全株无毛。茎直立或上部略弯。叶互生，叶片卵形或卵状披针形，基部楔形，具2~3对具柄腺体，边缘具圆齿；叶柄长1.5~3厘米。总花梗单生于叶腋，短于或有时长于叶柄，具2，稀3花；花梗果期稍伸长，基部有苞片。花粉紫色，长2~2.5厘米，侧生萼片2枚，卵圆形，全缘；旗瓣近圆形，背面中肋增厚，有明显龙骨状突起，顶端具内弯的喙尖；翼瓣近无柄，2裂，基部裂片卵状长圆形，上部裂片斧形，顶端圆形或微凹，背部无小耳；唇瓣狭漏斗状，口部斜上，基部渐狭成内弯的距。雄蕊5；花丝线形；花药卵球形，顶端钝。子房线形，直立，顶端具短喙尖。蒴果纺锤形，长15毫米，顶端具长喙尖。

花 果 期： 花期7—9月，果期8—10月。

生　　境： 生于山谷河边、林下或阴湿岩石上，海拔400~960米。

分　　布： 中国特有，产浙江。

图　　注： 1. 花枝；2. 花侧面观；3. 花正面观。

Section 4

中 文 名： 高黎贡山凤仙花

学　　名： *Impatiens chimiliensis* Comber

形态特征： 一年生粗壮草本。全株无毛。茎直立。叶疏散，互生，叶片卵形或卵状椭圆形，顶端渐尖或短尖，基部宽楔形，边缘具粗圆齿，叶柄长1.5~3厘米。总花梗生于上部叶腋，长于叶，直立或开展，花3~9朵，总状排列；花梗基部有苞片。花黄色或具紫色晕斑，长4厘米；侧生萼片4枚，外面2枚，宽卵形，背面中肋不增厚，内面2枚，披针形。旗瓣圆形，背面中肋增厚，具狭龙骨状突起；翼瓣无柄，2裂，基部裂片宽卵形，上部裂片椭圆状披针形，顶端钝，背部有宽小耳；唇瓣檐部半球状或杯状，口部平展，先端尖，基部狭成8毫米长的内弯的距。花丝线形；花药卵球形，顶端钝，子房纺锤形，顶端具喙尖。蒴果线形，长约2厘米，顶端具喙尖。

花 果 期： 花期9月，果期10月。

生　　境： 生于灌丛边阴湿处或溪边，海拔3200米。

分　　布： 产云南高黎贡山。缅甸也有分布。

图　　注： 1. 居群；2. 花侧面观；3. 花正面观。

Section 4

中 文 名： 淡黄绿凤仙花

学　　名： Impatiens chloroxantha Y. L. Chen

形态特征： 一年生草本。全株无毛。茎直立。叶互生，叶片卵状长圆形或椭圆形，基部常有3~4对具柄腺体，边缘有圆锯齿。总花梗单生于上部叶腋，明显短于叶柄，具3花，有时2花，排成近伞形花序；花梗细，微弯；基部有苞片。花黄绿色。侧生萼片2枚，

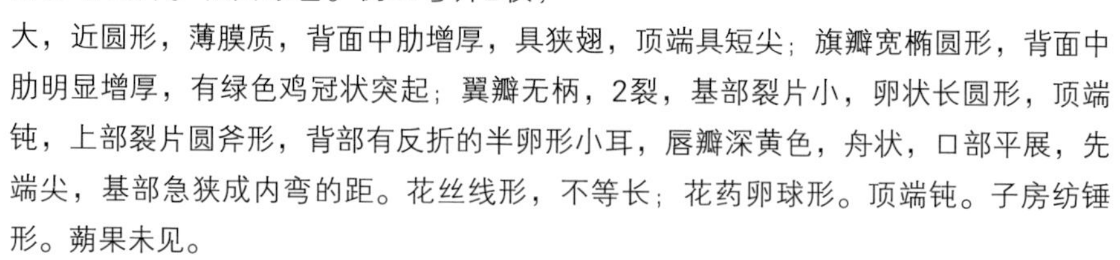

大，近圆形，薄膜质，背面中肋增厚，具狭翅，顶端具短尖；旗瓣宽椭圆形，背面中肋明显增厚，有绿色鸡冠状突起；翼瓣无柄，2裂，基部裂片小，卵状长圆形，顶端钝，上部裂片圆斧形，背部有反折的半卵形小耳，唇瓣深黄色，舟状，口部平展，先端尖，基部急狭成内弯的距。花丝线形，不等长；花药卵球形。顶端钝。子房纺锤形。蒴果未见。

花 果 期： 8—9月。

生　　境： 生于山地沟谷林中或沟边阴湿处，海拔500~700米。

分　　布： 中国特有，产浙江和福建。

图　　注： 1. 居群；2. 花正面观；3. 花侧面观。

Section 4

中 文 名： 蓝花凤仙花

学　　名： Impatiens cyanantha Hook. f.

形态特征： 一年生草本。茎直立，粗壮。单叶互生，叶片椭圆形或披针形，基部长楔形，边缘具粗圆锯齿，齿间具小刚毛，基部具2腺体，有短柄或无柄；叶柄长1~3厘米。总花梗细弱，苞片小；花大，长2~5厘米，蓝色或紫蓝色；侧生萼片2枚，革质，斜圆形，两边不等侧，基部具1囊状凹陷；旗瓣小，圆形，中肋纤细；翼瓣2裂，基部裂片小，圆形，上部裂片斧形，先端钝圆；唇瓣囊状，基部下延为细长内弯的长距；花药顶端钝。蒴果狭纺锤形，长约2厘米。

花 果 期： 花期7—9月，果期8—10月。

生　　境： 生于海拔1000~2500米的林下、沟边及路旁等阴湿环境。

分　　布： 中国特有，产贵州、云南、四川、重庆、湖南及广西等省区。

图　　注： 1. 花枝；2. 花正面观；3. 花侧面观。

Section 4

中 文 名： 金凤花

学　　名： *Impatiens cyathiflora* Hook. f.

形态特征： 一年生草本。茎下部无毛，上部节间及节上被黄褐色腺毛。叶互生，叶片狭卵形，基部楔形，渐狭成叶柄，边缘具圆锯齿，叶柄长1~2厘米，基部具1对球状腺体。总花梗生于茎端及上部叶腋。花6~10朵，总状排列；花梗细，基部有苞片。花黄色，具红色斑点，侧生萼片2枚，斜卵形或近方形，旗瓣圆形，僧帽状，背面中肋略增厚，翼瓣具柄，2裂，基部裂片长圆形，上部裂片带形，顶端钝，背部具反折的小耳；唇瓣檐部杯状或漏斗状，口部平展，基部狭成约与檐部等长或长于檐部的内弯的距。花丝线形；花药卵球形，顶端钝。子房线形，直立，渐尖。蒴果棒状，长2~2.7厘米，顶端急尖。

花 果 期： 花期8—9月，果期10—11月。

生　　境： 生于山坡混交林下潮湿处或草丛中，海拔1900~2300米。

分　　布： 中国特有，产云南和贵州。

图　　注： 1. 居群；2. 花正面观；3. 花序。

Section 4

中 文 名：舟状凤仙花

学　　名：Impatiens cymbifera Hook. f.

形态特征：一年生草本。茎绿色，无毛。叶互生，叶片椭圆状卵形或卵状披针形，基部楔形，渐狭成长1.25~2.5厘米的叶柄，叶柄基部具无柄腺体，边缘具圆锯齿，无毛。总花梗腋生和近顶生，常短于叶，具1~4 (~5) 花，总状排列；花梗长1~2厘米，苞片大、脱落。花蓝紫色，侧生萼片2枚，卵圆形，紫色，渐尖；旗瓣圆形，背面无龙骨状突起；翼瓣近有柄，2裂，基部裂片圆形，上部裂片长圆状斧形；唇瓣深舟状，基部急狭成稍弯的距。花药顶端钝。蒴果线形，长约2.5~3厘米，顶端具喙尖。

花 果 期：花期8—9月。

生　　境：生于山坡雾林下阴湿处，海拔2500米。

分　　布：产西藏聂拉木。尼泊尔、印度、不丹、缅甸也有分布。

图　　注：1. 花枝；2. 花正面观；3. 花侧面观。

Section 4

中 文 名： 镰萼凤仙花

学　　名： *Impatiens drepanophora* Hook. f.

形态特征： 一年生草本。茎圆柱形，无毛。叶互生，叶片卵状披针形，顶端渐尖，基部楔形，侧脉7~9对，两面无毛，叶柄长达5厘米，叶片基部具2枚具柄腺体。总花梗腋生或近顶生，开展，具5~10花，总状排列；花梗纤细，基部有卵状披针形的苞片；苞片绿色，顶端具小尖头腺体，脱落。花芽卵状；花黄色或粉红色，长达3.5厘米。侧生萼片2枚，镰刀状，浅绿色，顶端具长芒尖；旗瓣橙黄色，稍具距；翼瓣具柄，基部裂片狭长圆形，具红色斑点，上部裂片长圆状斧形；唇瓣口部上端边缘有绿色的长角，基部具长而螺旋状内弯的距。蒴果棒状。

花 果 期： 花期8月。

生　　境： 生于山坡常绿林下或溪流边，海拔2000~2200米。

分　　布： 产西藏和云南。尼泊尔、不丹、印度及缅甸也有分布。

图　　注： 1、2. 花枝；3. 花正面观。

Section 4

中 文 名： 封怀凤仙花

学　　名： Impatiens fenghwaiana Y. L. Chen

形态特征： 一年生草本。茎直立或稀基部斜升，下部常具黑色斑点。叶互生或在茎上端密集着生，叶片基部楔形，渐狭成长1.5~2.5厘米的叶柄，无腺体，边缘具粗圆齿。总花梗细，单生于上部叶腋，明显短于叶，2~3花，稀1或4花，近总状排列；花梗纤细，基部具1枚苞片。花径3.5厘米，粉红色；侧生萼片2枚，长圆状卵形；旗瓣近圆形，背面具狭龙骨状突起；翼瓣近无柄，2裂，基部裂片小，长圆状倒卵形，基部楔形，上部裂片宽斧形，背部具反折的半月形小耳；唇瓣狭漏斗状，口部斜或斜上，基部渐狭成内弯、顶端棒状的距。花丝线形，花药小，卵球形。子房纺锤状，直立，渐尖。蒴果线形，长达2厘米，顶端具喙尖。

花 果 期： 6—8月。

生　　境： 生于林缘或草地潮湿处。海拔500~1000米。

分　　布： 中国特有，产江西。

图　　注： 1. 花枝；2、3. 花正面观。

Section 4

中 文 名： 草莓凤仙花

学　　名： Impatiens fragicolor Marq. et Airy-Shaw

形态特征： 一年生草本。茎四棱形或近圆柱形，无毛，常紫色。茎下部叶对生，上部叶互生，叶片披针形或卵状披针形，边缘具圆锯齿，叶柄长0.5~3厘米，基部具球状腺体。总花梗少数，达5~7枚，生于上部叶腋，近伞房状排列，与叶等长或稍长于叶，具1~6花，花梗顶端常扩大，基部具苞片。花紫色或淡紫色，长2~2.5毫米；侧生萼片2枚，斜卵形，顶端渐尖，基部近心形；旗瓣心状宽卵形，背面中肋不明显加厚，顶端具小尖头，翼瓣无柄，2裂，基部裂片近卵形，上部裂片斧形；唇瓣宽漏斗状，基部有内弯的细距。花药顶端钝。蒴果长圆状线形，长约2厘米，顶端具喙尖。

花 果 期： 花期7—8月。

生　　境： 生于路边或河边草丛中或水沟边湿地上，海拔3100~3900米。

分　　布： 中国特有，产西藏。

图　　注： 1. 花枝；2. 花正面观；3. 花侧面观。

Section 4

中 文 名： 东北凤仙花

学　　名： Impatiens furcillata Hemsl.

形态特征： 一年生草本。茎细弱，直立，上部疏生褐色腺毛或近无毛。叶互生，叶片菱状卵形或菱状披针形，先端渐尖，基部楔形，边缘有锐锯齿，叶柄长1~2.5厘米。总花梗腋生，疏生深褐色腺毛；花3~9朵，排成总状花序；花梗细，基部有1条形苞片；花小，黄色或淡紫色；侧生萼片2枚，卵形；旗瓣圆形，背面中肋有龙骨状突起，先端有短喙；翼瓣有柄，2裂，基部裂片近卵形，先端尖，上部裂片较大，斜卵形，尖；唇瓣漏斗状，基部突然延长成螺旋状卷曲的长距；花药顶端钝。蒴果近圆柱形，先端具短喙。

花 果 期： 7—9月。

生　　境： 生于山谷河边、林缘或草丛中，海拔700~1050米。

分　　布： 产黑龙江、辽宁、吉林及河北等地。朝鲜半岛和俄罗斯远东地区也有分布。

图　　注： 1、3. 花枝；2. 花正面观；4. 整株。

Section 4

中 文 名： 哈氏凤仙花

学　　名： Impatiens harai H. Ohba & S. Akiyama

形态特征： 一年生高大草本。茎粗壮，无毛。叶互生，叶片卵状椭圆形或椭圆状披针形，顶端尾状渐尖，基部楔形，边缘有粗圆齿，齿间有小刚毛，叶柄长2~3厘米，基部具球状腺体。总花梗直立，密集于茎上部叶腋，花多数，排成中断的总状花序；花梗束生或轮生，纤细，基部有卵形的苞片。花乳白色或污白色，长1.5~2厘米；侧生萼片2枚，小，斜卵形，顶端具芒状腺体；旗瓣近圆形，中脊背面增厚；翼瓣无柄，2裂，基部裂片近圆形，上部裂片狭成尾状，稍尖，背面有反折的小耳；唇瓣宽锥状或弯囊状，口部具角，基部急收缩成钩状或外弯的短距，花药顶端钝。蒴果圆柱形，顶端具喙尖。

花 果 期： 花期7—10月。

生　　境： 生于海拔1500~2800米的水边草地或阔叶林或铁杉林下。

分　　布： 产西藏。印度、尼泊尔也有分布。

图　　注： 1. 花枝；2. 花正面观；3、4. 花侧面观。

Section 4

中 文 名： 同距凤仙花

学　　名： Impatiens holocentra Hand.-Mazz.

形态特征： 一年生草本。叶互生，叶片矩圆状卵形或矩圆状披针形，边缘有粗圆齿；叶柄长1~2.5厘米。总花梗腋生，长约6~8厘米；花4~6朵，排成总状花序；花梗长2~2.5厘米，中部有1条形苞片，早落；花较小，黄色；侧生萼片4枚，外面2枚，宽卵形，先端急尖，内面2枚，极小，条形；旗瓣倒卵形，先端具小突尖，背面中肋无龙骨状突起；翼瓣近无柄，2裂，基部裂片三角形，先端渐尖，上部裂片稍长，披针形，背面有短耳；唇瓣狭漏斗状，口部先端有小喙，基部伸长成直而细长的距；花药顶端钝。蒴果条形。

花 果 期： 7—9月。

生　　境： 生于海拔2700~2800米的亚高山山谷溪流或阴湿处。

分　　布： 产云南。缅甸也有分布。

图　　注： 1. 花枝；2. 花侧面观；3. 花正面观。

Section 4

中 文 名： 井冈山凤仙花

学　　名： Impatiens jinggangensis Y. L. Chen

形态特征： 一年生草本。全株无毛。茎直立或基部斜升。叶互生，叶片边缘具粗圆齿，齿间具细刚毛，基部楔形，渐狭成长1.5~3.5厘米的叶柄；叶柄基部有2枚具柄腺体。总花梗单生于上部叶腋，常明显长于叶；3~8花，近伞房状排列；花梗细，果期略伸长，基部有苞片。花紫色或鲜粉红色；侧生萼片2枚，斜卵形，不等侧。旗瓣近圆形，背面中肋具龙骨状突起，翼瓣无柄，2裂，基部裂片近圆形，基部宽楔形，上部裂片宽，斧形，背部具大而反折的小耳。唇瓣宽漏斗状，基部狭成内弯、顶端棒状、2裂的距；口部近平展或略斜上。花丝线形；花药小而顶端钝，2裂。子房纺锤形，直立，具5细齿裂。蒴果线形，直立，具喙。

花 果 期： 8—10月。

生　　境： 生于河边阴湿处，海拔800~1240米山谷密林下。

分　　布： 中国特有，产江西、湖南及福建等。

图　　注： 1. 花枝；2. 花正面观；3. 花侧面观 。

Section 4

中 文 名： 九龙山凤仙花

学　　名： *Impatiens jiulongshanica* Y. L. Xu et Y. L. Chen

形态特征： 一年生草本。全株无毛。茎直立。叶互生，叶片卵状椭圆形，顶端短尾尖，基部楔形，具2~3对刚毛状腺体，边缘具圆齿，叶柄长2~4厘米，最上部叶密集，具短柄。总花梗粗，直立，单生于上部叶腋，具4~6花；花梗细，基部具苞片。花总状排列，长达3.5厘米，白色，侧生萼片2枚，卵形，具小尖；旗瓣近圆形，顶端微凹，中肋背面稍增厚，具狭龙骨状突起；翼瓣具柄，2裂，基部裂片宽三角形，上部裂片披针形，顶端尖，背部无小耳；唇瓣漏斗状，口部平展，先端急尖，基部渐狭成直距。花丝线形，花药卵形，顶端钝。子房线形。蒴果线状圆柱形，顶端具喙尖。

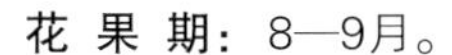

花 果 期： 8—9月。

生　　境： 生于落叶林下，海拔1000~1400米。

分　　布： 中国特有，产浙江。

图　　注： 1. 花枝；2. 花侧面观；3. 花正面观。

Section 4

中 文 名： 侧穗凤仙花

学　　名： Impatiens lateristachys Y. L. Chen et Y. Q. Lu

形态特征： 一年生草本。叶互生，叶片宽披针形，顶端尾尖，基部渐尖，有具柄腺体，边缘具锯齿，两面被疏毛。总花梗长10~20厘米，具3~6花，常5花。在花序轴上呈一侧的总状排列；花梗果期稍伸长，基生1枚苞片。花宽1.5~2.0厘米，长3厘米，红色、浅红色或白色。侧生萼片2枚，钻形，基部平截，3脉；旗瓣宽，背部中脉具狭翅，翅具2角；翼瓣近无柄，2裂，基部裂片圆形，上部裂片较大，斧形，顶端以下常具缺刻，背部小耳线形，插入距内；唇瓣角状，口部斜钝，距直而粗。花丝短，扁平；花药顶端近尖。子房棒状。

花 果 期： 花期7—9月，果期8—10月。

生　　境： 生于山坡林缘草丛中，海拔2000~2500米。

分　　布： 中国特有，产四川峨眉山。

图　　注： 1. 花枝；2. 花侧面观。

Section 4

中 文 名： 疏花凤仙花

学　　名： *Impatiens laxiflora* Edgew.

形态特征： 一年生草本。茎直立。叶互生，叶片卵状披针形或椭圆状披针形，边缘具粗圆齿，顶端渐尖，基部楔形，渐狭成柄，叶柄基部有两枚大腺体。总花梗纤细，近顶生，具6~11花，短总状排列；花梗细，基部具卵状披针形的苞片；苞片小而宿存；花小，淡粉色或白色或黄色，侧生萼片2枚，小，卵形或卵状钻形，具3脉，顶端具腺状尖头，旗瓣圆形，基部每边有1黑色的微粒；翼瓣无柄，2裂，基部裂片圆形，上部裂片长圆状斧形；唇瓣舟状，基部具短而近直的距。花药顶端钝，蒴果棒状，顶端具喙尖。

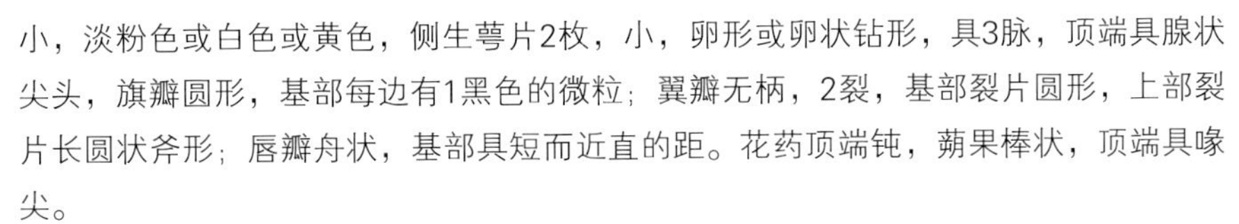

花 果 期： 花期8月。

生　　境： 生于沟边，海拔3200米。

分　　布： 产西藏和四川。印度、不丹也有分布。

图　　注： 1. 花枝；2. 花正面观；3. 花侧面观。

Section 4

中 文 名： 无距凤仙花

学　　名： Impatiens margaritifera Hook. f.

形态特征： 一年生草本。茎直立，无毛。叶互生，叶片卵形，薄膜质，顶端渐尖，基部楔形，具2枚大腺体，边缘有粗圆齿；叶柄长1~5厘米。总花梗细长，腋生，花较小，通常6~8朵排成总状花序；花梗短，基部有线形或线状长圆形苞片。花白色，长达2厘米；侧生萼片2枚，小，卵状圆形，顶端具小突尖；旗瓣椭圆状倒卵形或近圆形，背面中肋具细尖头；翼瓣狭，具宽柄，2裂，基部裂片卵状长圆形，上部裂片较长，狭斧形，背面有宽小耳；唇瓣舟状，基部肿胀，无距；花药顶端钝。蒴果线形。

花 果 期： 花期7—9月。

生　　境： 生于河滩湿地或溪边草丛中，或冷杉林下，海拔2600~3800米。

分　　布： 中国特有，产西藏、云南及四川等地。

图　　注： 1. 整株；2. 花正面观；3. 花侧面观。

Section 4

中 文 名： 墨脱凤仙花

学　　名： Impatiens medogensis Y. L. Chen

形态特征： 一年生矮小草本。茎直立，有分枝，全株无毛。叶互生，叶片卵状椭圆形，基部楔状，具柄，边缘具圆齿，齿间有小刚毛。总花梗纤细，生于上部叶腋或近顶生，常短于叶，具1~3花，总状排列；花梗纤细，基部有卵状披针形的苞片；花小，紫红色；侧生萼片2枚，小，卵形，顶端具短芒尖；旗瓣近圆形，背面具狭龙骨状突起；翼瓣无柄，基部裂片圆形，小，上部裂片斜菱形，背面具圆形小耳；唇瓣狭漏斗形，基部狭成内弯的距。花药顶端钝。蒴果线形或狭棒状，顶端具喙尖。

花 果 期： 7—8月。

生　　境： 生于山坡乱石缝中，海拔3200米。

分　　布： 中国特有，产西藏。

图　　注： 1. 花枝；2. 花侧面观；3. 花正面观。

Section 4

中 文 名： 小距凤仙花

学　　名： *Impatiens microcentra* Hand.-Mazz.

形态特征： 多年生草本。根状茎匍匐，全株无毛。茎多数，纤细，斜升或弯曲。叶互生，近无柄，叶片椭圆形或卵状椭圆形，边缘具粗圆齿，基部边缘近无齿，具有柄的纺锤状腺体。总花梗生于上部叶腋，短于叶，直立，具1~2花，稀3花；花梗短，基部或基部以上有苞片。花粉紫色或淡黄色，长2~2.5厘米；侧生萼片2枚，长圆状卵形，绿色，顶端具厚小尖，基部钝，常偏斜；旗瓣宽卵形，中肋背面增厚，具极窄的龙骨状突起；翼瓣无柄，2裂，基部裂片大，卵圆形，上部裂片较狭长，带形，背部具小耳。唇瓣漏斗形，中部肿大，口部极斜，具喙，约与管部等长，基部狭成近直距。花丝舌形；花药顶端钝。

花 果 期： 花期8—9月。

生　　境： 生于林下，海拔2300~3350米。

分　　布： 中国特有，产云南。

图　　注： 1. 花枝；2. 花侧面观；3. 花正面观。

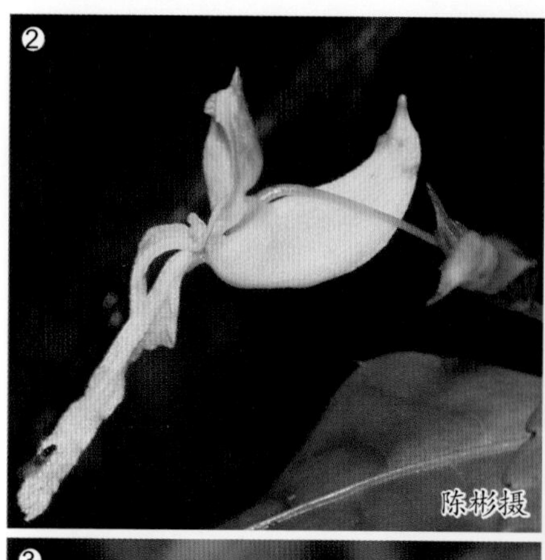

Section 4

中 文 名： 小穗凤仙花

学　　名： Impatiens microstachys Hook. f.

形态特征： 一年生细弱草本。全株无毛。茎直立。叶互生，叶片卵形或卵状长圆形，顶端渐尖，基部楔形，边缘具圆锯齿；叶柄长0.5~1.5厘米。总花梗生于上部叶腋，与叶等长或长于叶，丝状，开展或弯曲，具3~5花；花梗果期伸长2倍，基部具苞片。花小，淡黄色，长约1厘米，开展。侧生萼片2枚，卵状圆形，具5条脉；旗瓣圆形，直径6毫米，背面中肋细，不增厚；翼瓣短，无柄，2裂，基部裂片圆形，上部裂片小；唇瓣檐部近漏斗状，口部平展，基部渐狭成长于檐部3倍、顶端内弯的距。花丝线形；花药顶端尖。子房纺锤状，具5棱，直立。蒴果线形，具5棱，直或稍弯，顶端渐尖。

花 果 期： 花期8—9月，果期10月。

生　　境： 生于山坡林下、灌丛或路边阴湿处，海拔2000~2500米。

分　　布： 中国特有，产四川。

图　　注： 1. 花枝；2. 花枝及花侧面观；3. 花序。

Section 4

中 文 名： 米林凤仙花

学　　名： Impatiens nyimana Marq. et Airy-Shaw

形态特征： 一年生草本。茎上部被黄褐色长节毛，下部无毛或近无毛。叶互生，叶片卵形或卵状披针形，基部楔形，渐狭成长3~7毫米的叶柄，叶柄基部具腺体，边缘具稍粗圆齿。总花梗腋生或顶生，短于叶，纤细，被疏柔毛或近无毛，具2~5 (稀1)花；花梗基部具卵状披针形苞片。花长达2.8厘米，浅黄色或白色，喉内部黄色，具红褐色斑点；侧生萼片2枚，卵形或卵状披针形；旗瓣圆形，中肋背面顶端具弯的小尖；翼瓣无柄，2裂，基部裂片近圆形，上部裂片斧形；唇瓣囊状漏斗形，基部急狭成弯曲的短距，花药顶端钝，蒴果线形，长2.5厘米，顶端具喙尖。

花 果 期： 花期6—9月。

生　　境： 生于山谷草丛或林下水边，海拔2380~3500米。

分　　布： 中国特有，产西藏。

图　　注： 1. 花枝；2. 果实；3. 花侧面观。

Section 4

中 文 名： 松林凤仙花

学　　名： Impatiens pinetorum Hook. f. ex W. W. Smith

形态特征： 一年生草本。全株无毛。茎直立。叶互生，具柄，聚集于茎端，叶片卵状椭圆形，或近椭圆形，顶端急尖或渐尖，基部楔形，边缘具圆齿，侧脉6~8对，叶柄长2~4厘米。总花梗粗，直立，单生于上部叶腋，具4~6花；花梗细，基部具苞片。花总状排列，长达1厘米，黄白色，侧生萼片2枚，斜卵形，具短芒尖；旗瓣近圆形，顶端急尖，中肋背面稍增厚，具狭龙骨状突起；翼瓣具柄，2裂，基部裂片宽三角形，上部裂片披针形，顶端尖，背部无小耳；唇瓣漏斗状，口部平展，先端渐尖，基部渐狭成直距。花丝线形，花药卵形，顶端钝。子房线形。蒴果线状圆柱形，顶端具喙尖。

花 果 期： 8—10月。

生　　境： 生于松林下，海拔2100~2400米。

分　　布： 中国特有，产云南。

图　　注： 1. 花枝；2. 花正面观；3. 花侧面观。

Section 4

中 文 名： 阔萼凤仙花

学　　名： Impatiens platysepala Y. L. Chen

形态特征： 一年生草本。全株无毛。茎直立或基部平卧。叶互生，叶片卵状披针形，边缘有圆齿；叶柄长3~6厘米，中部以上有具柄刚毛状腺体。总花梗单生于叶腋，短于叶，具3花，或有时2花，近伞状排列；花梗果期略伸长，基部有苞片。花粉红色，侧生萼片2枚，大，宽卵形或近圆形，全缘，背面中肋具狭龙骨状突起。旗瓣薄膜质，背面中肋较厚，有鸡冠状突起，具短喙尖；翼瓣具柄，2裂，基部裂片小，倒卵状三角形，上部裂片小，约为基部裂片的2倍，倒卵形，顶端近平截。背部具反折的近肾形小耳；唇瓣宽漏斗状，口部平展，基部渐狭成弧状或卷曲、顶端棒状的距。花丝线形；花药卵球形，顶端钝。子房纺锤形，直立或稍弯，顶端渐尖。蒴果线状圆柱形，顶端具长喙尖。

花 果 期： 花期8—10月。

生　　境： 生于山地林下或林缘水沟边，海拔约1000米。

分　　布： 中国特有，产江西、浙江及福建。

图　　注： 1. 花枝；2. 花正面观；3. 花侧面观。

Section 4

中 文 名： 多角凤仙花

学　　名： *Impatiens polyceras* Hook. f. ex W. W. Smith

形态特征： 一年生草本。全株无毛。茎直立，粗壮。叶互生，叶片卵状披针形，具长达1厘米具翅的叶柄，边缘具圆齿。总花梗与最上部叶近等长，纤细，直立，具多花；花梗丝状，基部具苞片。花小，橙黄色，侧生萼片2枚，斜披针形，具腺芒尖。旗瓣圆形或扁圆形，直径6毫米，中肋背面具明显龙骨状突起；翼瓣无柄，2裂，基部裂片近圆形，上部裂片较长，斧形，顶端钝；唇瓣檐部舟状，口部斜上，基部狭成长于檐部、内弯的细距。花丝长2毫米，花药顶端钝。蒴果线形，种子少数，倒卵形，长约2.5毫米，褐色，表面具小瘤。

花 果 期： 7—9月。

生　　境： 生于海拔2400~2600米河谷溪边或湿润草地。

分　　布： 中国特有，产云南和四川。

图　　注： 1. 花枝；2. 花侧面观；3. 花正面观；4. 花序。

Section 4

中 文 名： 澜沧凤仙花

学　　名： *Impatiens principis* Hook. f.

形态特征： 一年生草本。全株无毛。茎直立或斜升。叶互生，叶片硬质，卵形或卵状披针形，顶端渐尖或尾状渐尖，边缘具圆齿。总花梗生于上部叶腋，直立，长于叶或与叶等长，通常具3~5花；花梗细丝状，基部具苞片。花橙黄色，总状排列，侧生萼片2枚，卵形，钩状弯，中肋一侧顶端延伸出长3~4毫米、顶端棒状的长芒。旗瓣倒卵形，翼瓣基部尖， 2裂，基部裂片长，渐尖，上部裂片线形，顶端钝，基部稍扩大，背部具狭小耳；唇瓣檐部舟状，口部斜上，先端具丝状、有时卷曲的长芒，基部急狭成细距。花丝短，线形；花药小，顶端钝。子房纺锤形，直立，渐尖。未成熟蒴果棒状，顶端突尖。

花 果 期： 花期7—8月。

生　　境： 生于山坡沟边溪旁，海拔1700~2000米。

分　　布： 中国特有，产云南和广西。

图　　注： 1. 居群；2. 花正面观；3. 花侧面观。

Section 4

中 文 名： 紫花凤仙花

学　　名： Impatiens purpurea Hand.–Mazz.

形态特征： 一年生草本。全株无毛，高40~75厘米。叶互生，叶片膜质，椭圆形或披针状椭圆形，边缘具圆锯齿，齿端具小尖，叶柄长1~2厘米。总花梗生于上部叶腋，短于叶，具4~6花，总状排列；花梗基部有苞片；苞片膜质透明，宽卵状圆形。花中等大，紫色或黄白色，长3.5~5厘米，侧生萼片2枚，宽卵形。旗瓣兜状，圆形，顶端圆形，背面中肋增厚，被微毛；翼瓣无柄，2裂，基部裂片倒卵状圆形，上部裂片披针形，背部具圆形小耳；唇瓣狭斜漏斗状，口部斜上，中部以下狭成极弯的尖距。花丝线形，上部扩大；花药卵球形，顶端钝。子房卵球形，顶端具喙尖。蒴果圆柱形，顶端具喙尖。

花 果 期： 花期8—9月，果期10月。

生　　境： 生于山谷疏林下或林缘潮湿处，海拔2400~3300米。

分　　布： 中国特有，产云南。

图　　注： 1. 花枝；2、3、4. 花正面观。

Section 4

中文名：总状凤仙花

学　名：Impatiens racemosa DC.

形态特征：一年生草本。茎直立，全株无毛。叶互生，叶片椭圆状披针形或椭圆状卵形，基部楔形，渐狭成长1~2.5厘米的叶柄，边缘具圆齿，齿基部有小刚毛；叶柄基部有球状腺体。总花梗纤细，生于上部叶腋或近顶生，常长于叶，具4~10花，总状排列；花梗纤细，基部有卵状披针形的苞片；花小，黄色或淡黄色；花芽顶端圆形；侧生萼片2枚，小，镰刀状或斜卵形，干时变红色，顶端具短芒尖，1侧上部边缘具1腺体；旗瓣圆形；翼瓣无柄，2裂，基部裂片圆形，上部裂片宽斧形，背面具圆形小耳；唇瓣锥状，基部狭成内弯的长距。花药顶端钝。蒴果线形或狭棒状，顶端具喙尖。

花果期：花期6—8月，果期7—8月。

生　境：生于水沟边草丛中，海拔1700~2400米。

分　布：产西藏和云南。印度、不丹及尼泊尔也有分布。

图　注：1. 花枝；2. 花正面观；3. 花侧面观。

Section 4

中 文 名： 辐射凤仙花

学　　名： Impatiens radiata Hook. f.

形态特征： 一年生草本。茎直立。叶互生，叶片长圆状卵形或披针形，顶端渐尖，边缘具圆齿，齿间有小刚毛；叶柄长1.5~2.5厘米，基部有2枚球状腺体。总花梗生于上部叶腋，长达18厘米；花多数，轮生或近轮生，呈辐射状，每轮有3~5花；花梗纤细，基部有披针形苞片。花小，黄色或浅紫色或白色；侧生萼片2枚，小，卵状披针形，具长尖头；旗瓣近圆形，顶端具短喙尖；翼瓣3裂，基部2裂片小，近圆形，上部裂片伸长，长圆形；唇瓣锥状，基部狭成短而直的距；花药顶端钝。蒴果线形。种子倒卵形，小，表面平滑。

花 果 期： 7—9月。

生　　境： 生于山坡湿润草丛中或林下阴湿处，海拔2100~3500米。

分　　布： 产西藏、云南及四川。 印度、尼泊尔及不丹也有分布。

图　　注： 1. 花枝；2. 花正面观；3. 花侧面观。

Section 4

中 文 名： 直角凤仙花

学　　名： Impatiens rectangula Hand.–Mazz.

形态特征： 一年生草本。全株无毛。茎直立。叶互生，下部的叶具长达4.5厘米的叶柄；叶片卵形或卵状披针形，边缘具密圆齿。总花梗生于茎枝端叶腋，长于叶或与叶等长，细，较硬。具多花（15~17）；总状排列；花梗丝状，果期伸长，基部具苞片。花长1.5~2厘米，硫黄色；侧生萼片2枚，斜卵形或近S状。旗瓣近方形，中肋两侧多少成直角；翼瓣无柄，2裂，基部裂片短，圆形，上部裂片长于基部裂片的2倍，宽或窄斧形，背部具半圆形的小耳；唇瓣檐部舟状，基部渐狭成与管部成直角、长3.5厘米的距，距顶端头状，中部内弯或幼时拳卷。花丝线形；花药小，球形。蒴果纺锤形，顶端急尖。

花 果 期： 花期9—10月。

生　　境： 生于竹丛边或溪边，海拔 2700~3000米。

分　　布： 中国特有，产云南。

图　　注： 1. 花枝；2、3. 花正面观。

张良摄

张良摄

张良摄

Section 4

中 文 名： 瑞丽凤仙花

学　　名： Impatiens ruiliensis S. Akiyama et H. Ohba

形态特征： 一年生草本。全株无毛。茎直立，通常带紫色。叶互生，叶片宽椭圆形至卵形，顶端尖，基部楔形，具1~2对具柄腺体，边缘具圆齿，两面近无毛。总花梗生于茎枝上部叶腋，直立或斜升，花5~12朵，总状排列，花梗细，无毛，基部具苞片。花小，淡黄色，长1.5~2厘米，侧生萼片2枚，镰刀状椭圆形，旗瓣淡黄色，弯倒卵形，微杯状，背面无鸡冠状突起；翼瓣无柄，淡黄色，具淡红色斑点，2裂，基部裂片倒三角形，顶端圆形，上部裂片弯，狭披针形，背部无小耳或具极狭的小耳；唇瓣檐部舟状，基部狭成长而直或顶端弯的细距。花丝线形，花药顶端钝。子房纺锤形，无毛，蒴果未见。

花 果 期： 花期5月。

生　　境： 生于沟谷密林中或潮湿坡地，海拔700~1400米。

分　　布： 中国特有，产云南。

图　　注： 1、3. 花枝；2. 花背面观；4. 花侧面观。

Section 4

中 文 名： 斯氏凤仙花

学　　名： Impatiens *scullyi* Hook. f.

形态特征： 一年生草本。茎直立，全株无毛。叶互生，聚集于茎端，叶片阔披针形，或矩圆状卵形，基部楔形，渐狭成长1~1.5厘米的叶柄，边缘具圆齿，齿基部有小刚毛。总花梗纤细，生于上部叶腋或近顶生，具5~10花，总状排列；花梗纤细，基部有卵状披针形苞片；花小，紫色或乳白色；花芽顶端圆形；侧生萼片2枚，小，镰刀状或斜卵形；旗瓣圆形；翼瓣无柄，2裂，基部裂片卵形，上部裂片近圆形，背面具圆形小耳，小耳明显伸长，藏于唇瓣的管状距中；唇瓣锥状，基部渐狭成稍内弯、近直的管状距。花药顶端钝。蒴果线形或狭棒状，顶端具喙尖。

花 果 期： 8—11月。

生　　境： 生于水沟边草丛中，海拔700~2400米。

分　　布： 产西藏。印度、不丹及尼泊尔也有分布。

图　　注： 1. 花枝；2. 花正面观；3. 花侧面观。

Section 4

中 文 名： 黄金凤

学　　名： Impatiens siculifer Hook. f.

形态特征： 一年生草本。茎细弱。叶互生，叶片卵状披针形或椭圆状披针形，先端急尖或渐尖，基部楔形，边缘有粗圆齿，侧脉5~11对；下部叶叶柄长1.5~3厘米，上部叶近无柄。总花梗生于上部叶腋，花5~8朵，排成总状花序；花梗纤细，基部有1枚宿存的披针形苞片；花黄色；侧生萼片2枚，窄矩圆形，先端突尖；旗瓣近圆形，背面中肋增厚成狭翅；翼瓣无柄，2裂，基部裂片近三角形，上部裂片条形；唇瓣狭漏斗状，先端有喙状短尖，基部延伸成内弯或下弯的长距；花药顶端钝。蒴果棒状。

花 果 期： 7—10月。

生　　境： 常生于山坡草地、草丛、水沟边、山谷潮湿地或密林中，海拔800~2500米。

分　　布： 中国特有，产江西、福建、湖南、湖北、贵州、广东、广西、四川、重庆、云南及台湾。

图　　注： 1. 居群；2、5. 花枝；3、4. 花部特写。

Section 4

中 文 名： 槽茎凤仙花

学　　名： Impatiens sulcata Wall.

形态特征： 一年生草本。茎直立，具明显槽沟。叶对生或上部轮生，叶片边缘具圆锯齿；叶柄长1.5~3.5厘米，有疏腺体或无腺体，基部有红色或紫红色具柄腺体。花较大，粉红色，多数排成近伞房状总状花序；总花梗长3.5~9厘米；花梗上端膨大，基部具苞片，花粉红色或紫红色。侧生萼片2枚，斜卵状心形，具小尖头；旗瓣近圆形，背面龙骨突不明显，顶端具弯喙尖；翼瓣宽，无柄，2裂，基部裂片近斧形，尖，上部裂片宽斧形，钝或稍尖；唇瓣囊状，基部骤狭成内弯的短距；花药顶端钝。蒴果短棒状，下垂，顶端具喙尖。

花 果 期： 8—9月

生　　境： 生于海拔3000~4000米的冷杉林下或水沟边、潮湿处。

分　　布： 产西藏。印度、不丹及尼泊尔也有分布。

图　　注： 1. 居群；2. 花正面观；3. 花侧面观；4. 花枝。

Section 4

中 文 名：森地凤仙花

学　　名：Impatiens sunkoshiensis S. Akiyama, S. Ohba et Wakabayashi

形态特征：一年生草本。茎粗壮，无毛。叶互生，多少聚集于茎端，叶片披针形，顶端尾状渐尖，基部楔形，边缘有粗圆齿，两面近光滑，叶柄长1~1.5厘米，基部具球状腺体。总花梗直立，密集于茎上部叶腋，花4~7朵，排成总状花序；花梗束生，纤细，基部有卵形苞片。花粉红色，长1.5~2.5厘米；侧生萼片2枚，小，卵形；旗瓣近圆形，背部没有附属物；翼瓣无柄，2裂，基部裂片近圆形，顶端圆钝，上部裂片卵形；唇瓣囊状，白色，具基部内弯的短距，花药顶端钝。蒴果圆柱形，顶端具喙尖。

花 果 期：花期7—9月。

生　　境：生于海拔2000~3000米的水边草地或阔叶林或铁杉林下。

分　　布：产西藏。不丹也有分布。

图　　注：1. 花枝；2. 花侧面观；3. 花正面观。

Section 4

中 文 名： 野凤仙花

学　　名： Impatiens textori Miq.

形态特征： 一年生草本。茎直立，通常带淡红色。叶互生或在茎顶部近轮生，叶片菱状卵形或卵状披针形，稀宽披针形，边缘具锐锯齿。总花梗生于上部叶腋，斜上，具4~10花；花梗细，基部具苞片。花大，淡紫色或紫红色，具紫色斑点；侧生萼片2枚，宽卵形，暗紫红色，顶端尖；旗瓣卵状方形，顶端具小尖，背面中肋具龙骨状突起，翼瓣具柄，长约2厘米，2裂，基部裂片卵状长圆形，上部裂片长圆状斧形，背部具明显的小耳；唇瓣钟状漏斗形，口部斜上，先端渐尖，基部渐狭成向内卷曲的距，内面具暗紫色斑点。花丝线形，花药卵球形，顶端钝。子房纺锤形，直立。蒴果纺锤形，顶端具喙尖。

花 果 期： 花期8—9月。

生　　境： 生于山沟溪流旁，海拔1050米。

分　　布： 产吉林、辽宁、山东及安徽。俄罗斯、朝鲜半岛和日本也有分布。

图　　注： 1. 花枝；2. 花侧面观；3. 花正面观。

Section 4

中 文 名： 天目山凤仙花

学　　名： *Impatiens tienmushanica* Y. L. Chen

形态特征： 一年生草本。全株无毛。茎直立或上部略弯。叶互生，叶片长圆形或卵状椭圆形，边缘有圆锯齿，叶柄长1.5~3厘米；具短柄或近无柄。总花梗单生于上部叶腋，具 (4) 5~7花，总状排列。花较大，淡紫色，花梗细，果期常伸长，微弯，基部有苞片。侧生萼片2枚，宽卵形，背面中肋不增厚。旗瓣近圆形，背面中肋增厚，有明显龙骨状突起。翼瓣具柄，2裂，基部裂片倒卵状长圆形，上部裂片大，斧形、顶端钝，背部有反折的斜三角形小耳。唇瓣漏斗状；口部近平展，基部渐狭成内弯、顶端2浅裂的距。花丝线形；花药卵球形，顶端钝。子房纺锤形，直立，顶端具短喙尖。蒴果线状纺锤形，顶端具短喙尖。

花 果 期： 花期7—9月，果期8—10月。

生　　境： 生于山坡林下或岩石旁潮湿处。

分　　布： 中国特有，产浙江天目山。

图　　注： 1. 花枝；2. 花正面观；3. 花侧面观。

Section 4

中 文 名： 瘤果凤仙花

学　　名： Impatiens tuberculata Hook. f. et Thoms.

形态特征： 一年生草本。全株无毛，茎直立。叶互生，具短柄，叶片椭圆形或椭圆状卵形，顶端渐尖，基部楔形或近截形，边缘具圆齿，叶柄约5~10毫米，基部无腺体。总花梗腋生或顶生，短或长于叶，具4~8花，总状排列；花梗纤细，长5~7毫米；苞片小，早落。花小，径约8~9毫米，淡紫色；侧生萼片2枚，极小，镰刀形；旗瓣圆形兜状，背面中肋具龙骨状突起；翼瓣2裂，基部裂片近圆形，上部裂片卵状披针形；唇瓣舟状，具极短的距。花药短而宽。蒴果直立或平展，短棒状，长8~10毫米，具5棱，沿棱具密或疏的瘤状突起，顶端圆钝，具小尖头。

花 果 期： 花期8—9月。

生　　境： 生于冷杉林缘草丛中或水沟边，海拔3800米。

分　　布： 产西藏。印度、不丹也有分布。

图　　注： 1. 居群；2. 花正面观；3. 花侧面观；4. 果实。

Section 4

中 文 名： 滇水金凤

学　　名： Impatiens uliginosa Franch.

形态特征： 一年生草本。全株无毛。茎粗壮。叶互生，近无柄或具短柄，叶片基部楔形，渐狭成极短的叶柄，边缘具圆锯齿或细锯齿；叶柄基部有1对球状腺体。总花梗多数生于上部叶腋。近伞房状排列，短于叶，具3~5花；花梗细，基部有苞片。花红色，长2.5~3厘米；侧生萼片2枚，斜卵圆形。旗瓣圆形，背面中肋增厚，具龙骨状突起，有突尖；翼瓣短，无柄，2裂，基部裂片圆形，上部裂片约长于基部裂片的2倍，半月形，顶端短，收缩，背部具小耳；唇瓣檐部漏斗形，口部斜上，先端尖，基部狭成与檐部近等长、内弯的距。花丝线形，花药小，顶端钝。子房纺锤形，直立，顶端具喙尖。蒴果近圆柱形，顶端渐尖。

花 果 期： 花期7—8月，果期9月。

生　　境： 生于林下、水沟边潮湿处或溪边，海拔1500~2600米。

分　　布： 中国特有，产云南和贵州。

图　　注： 1. 花枝；2. 果实；3. 花正面观。

Section 4

中 文 名： 药山凤仙花

学　　名： Impatiens yaoshanensis K. M. Liu et Y. Y. Cong

形态特征： 一年生草本。全株无毛。茎粗壮，直立。叶互生，近无柄或具短柄，叶片卵形，基部楔形，渐狭成极短的叶柄，边缘具圆齿状锯齿或细锯齿；叶柄长1~2.5厘米，基部有1对球状腺体。总花梗多数，生于上部叶腋，近伞房状排列，短于叶，具9~21花；花梗细，基部有苞片。花粉红色或淡紫色，长约2.5厘米；侧生萼片2枚，斜卵圆形。旗瓣宽卵形，背面中肋增厚，具龙骨状突起，有突尖；翼瓣短，无柄，2裂，基部裂片圆形，上部裂片约长于基部裂片的2倍，三角状裂，顶端短，收缩，背部具小耳；唇瓣檐部漏斗形，口部斜上，先端尖，基部渐狭成长而内弯的距。花丝线形，花药小，顶端钝。子房纺锤形，直立，顶端具喙尖。蒴果近圆柱形，顶端渐尖。

花 果 期： 7—9月。

生　　境： 生于林下、水沟边潮湿处或溪边，海拔2000~2600米。

分　　布： 中国特有，产云南和四川。

图　　注： 1. 花枝；2. 花正面观；3. 花侧面观。

Section 5

中 文 名： 贝苞凤仙花

学　　名： *Impatiens conchibracteata* Y. L. Chen et Y. Q. Lu

形态特征： 一年生草本。茎直立。叶互生，叶片卵状椭圆形，顶部渐尖，基部锐尖或近圆形，有具柄小腺体，边缘有锯齿，叶柄长1~2厘米。总花梗长1~1.5厘米，3~5花；花柄长2厘米，基生1枚苞片。花大，黄色，宽2厘米，长3.5厘米。侧生萼片2枚，圆形，干时褐色。旗瓣近圆形，背面中肋中部有喙状突起。翼瓣具柄，2裂，基部裂片圆形，上部裂片宽斧形，大；背耳半圆形，反折；唇瓣深囊状，口部斜上，近锐尖，基部收缩为短而弯曲的距，花药大，卵球形。花丝长约5毫米，扁平。子房直立，棒状。蒴果棒状，长达2~2.5厘米。

花 果 期： 花期7—9月，果期8—10月。

生　　境： 生于林缘阴湿处，海拔1800~2800米。

分　　布： 中国特有，产四川峨眉山。

图　　注： 1. 花枝；2. 花正面观；3. 花侧面观。

Section 5

中 文 名： 滇南凤仙花

学　　名： Impatiens duclouxii Hook. f.

形态特征： 一年生草本。茎直立。叶互生，叶片卵形或卵状椭圆形，顶端渐尖，基部宽楔形或近圆形，边缘具粗锯齿，叶柄细，长2.5厘米。总花梗生于上部叶腋，短于叶，长(5)8~10厘米，花3~6（−20）朵，总状排列，花梗细，花期伸长，基部具苞片。花黄色，长3~3.5厘米；侧生萼片2枚，圆形或倒卵形，较厚；旗瓣圆形，背面中肋增厚，中部具宽三角形鸡冠状突起，或宽倒卵形；翼瓣具宽短柄，2裂，基部裂片大，圆形，上部裂片较长，斧形，顶端圆钝，背部具大耳；唇瓣囊状，口部斜上，先端尖，基部渐狭成内弯、顶端钩状卷曲的距。花丝线形，花药顶端尖。子房纺锤形，顶端尖。蒴果棒状，镰刀状弯，顶端具喙尖。

花 果 期： 花期8—9月，果期9—10月。

生　　境： 生于混交林下或密林中，海拔1500~2500米。

分　　布： 中国特有，产云南、贵州、广西、四川、广东及浙江等地。

图　　注： 1. 居群；2. 花蕾；3. 花正面观；4. 花侧面观。

Section 5

中 文 名： 湖南凤仙花

学　　名： Impatiens hunanensis Y. L. Chen

形态特征： 一年生草本。茎肉质，直立。叶互生，叶片卵形或卵状披针形，顶端渐尖或短尾尖，边缘具粗圆齿或圆锯齿，基部楔形，渐狭成长2.5~4厘米的细柄。总花梗单生于上部叶腋，明显短于叶，3~4花，排成疏总状；花梗细，果期几不伸长，基部具苞片。花黄色，径2.5~3厘米；侧生萼片2枚，斜卵形或近圆形。旗瓣圆形，背面中肋具鸡冠状突起；翼瓣具短柄，2裂，基部裂片圆形，上部裂片较大，斧形，顶端圆形，背部具反折的半卵形小耳；唇瓣囊状，口部斜上，基部急狭成钩状或内卷的距。花丝线形，上部扁平；花药顶端尖，药隔分裂。子房纺锤形，略呈镰刀形，长3~4毫米，尖。未成熟蒴果棒状，顶端尖。

花 果 期： 7—10月。

生　　境： 生于山谷林下河边或岩石上，海拔700~800米。

分　　布： 中国特有，产湖南、广西及广东。

图　　注： 1、4. 花枝；2、3. 花侧面观。

Section 5

中 文 名： 长角凤仙花

学　　名： *Impatiens longicornuta* Y. L. Chen

形态特征： 一年生草本。全株无毛。茎肉质，直立，下部节处有多数纤维状根。叶互生，叶片卵形，基部宽楔形，边缘有圆齿；叶柄长1~2厘米。总花梗单生于上部叶腋，短于叶；花2~3朵，稀4朵，总状排列；花梗果期略伸长，基部有苞片；花黄色，侧生萼片2枚，斜卵形或近圆形，基部不等侧；旗瓣兜状，背面中肋明显增厚，具鸡冠状突起，冠突先端有长达1厘米的长角；翼瓣2裂，基部裂片宽卵形，上部裂片斧形，背部有反折的长圆形小耳；唇瓣深囊状，口部斜上，基部近圆形，急收缩成长而内弯的距。花丝线形，上端扩大；花药卵球形，顶端尖。子房纺锤形，直立，顶端具喙尖。蒴果棒状，顶端具喙尖。

花 果 期： 花期10月。

生　　境： 生于山谷溪流边。

分　　布： 中国特有，仅产湖南舜皇山。

图　　注： 1. 花枝；2. 花侧面观。

Section 5

中 文 名： 红纹凤仙花

学　　名： Impatiens rubro-striata Hook. f.

形态特征： 一年生草本。茎直立。叶互生，叶片卵形、椭圆形或长卵圆形，先端尾状渐尖，基部窄楔形，边缘具粗圆锯齿，基部边缘具数枚腺体，叶柄长2~4厘米。总花梗短，细弱，腋生，花3~5朵，排列成总状花序；花梗细，基部具1枚小而披针形苞片；花大，白色，具红色条纹，长4~5厘米；侧生萼片2枚，阔卵形，先端钝，具小尖头，直径6~7毫米；旗瓣圆形，背面中肋具龙骨状突起；翼瓣2裂，基部裂片椭圆形，先端钝，上部裂片大，宽斧形，先端钝圆。唇瓣囊状，基部下延成向内弯曲的短距；花药顶端钝。蒴果棒状。

花 果 期： 花期6—7月，果期7—9月。

生　　境： 生于山谷溪旁、疏林下潮湿处或灌丛下草地，海拔1700~2600米。

分　　布： 中国特有，产云南、贵州及广西。

图　　注： 1. 花枝；2. 花正面观；3. 花侧面观。

Section 6

中 文 名： 锐齿凤仙花

学　　名： *Impatiens arguta* Hook. f. et Thoms.

形态特征： 多年生草本。茎坚硬，直立。叶互生，叶片卵形或卵状披针形，顶端急尖或渐尖，基部楔形，边缘有锐锯齿，叶柄长1~4厘米，基部有2个具柄腺体。总花梗极短，腋生，具1~2花；花梗细长，基部常具2刚毛状苞片；花较大，粉红色、紫红色或淡蓝色；侧生萼片4枚，外面2枚，半卵形，顶端具长突尖，内面2枚，狭披针形；旗瓣圆形，背面中肋有窄龙骨状突起，先端具小突尖；翼瓣无柄，2裂，基部裂片宽长圆形，上部裂片大，斧形，先端2浅裂，背面有明显的小耳；唇瓣囊状，基部延伸成内弯的短距。蒴果纺锤形，顶端具喙尖。

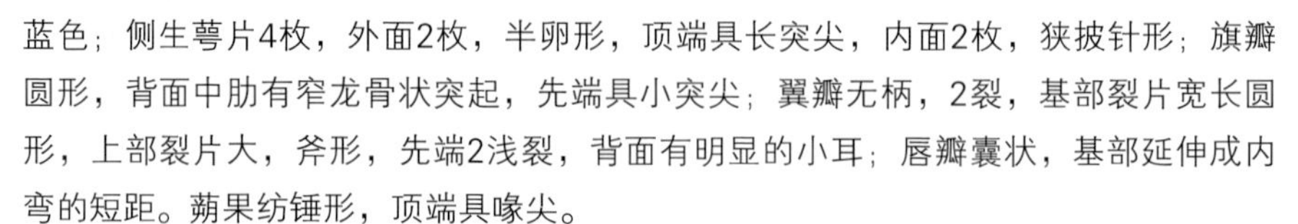

花 果 期： 花期7—9月。

生　　境： 生于河谷灌丛草地或林下潮湿处或水沟边，海拔1850~3200米。

分　　布： 产云南、四川及西藏。印度、尼泊尔、不丹及缅甸也有分布。

图　　注： 1. 花枝；2. 花正面观；3. 花侧面观。

Section 6

中 文 名： 髯毛凤仙花

学　　名： Impatiens barbata Comber

形态特征： 一年生草本。全株多少被短柔毛。茎直立。叶互生，叶片膜质，椭圆形或椭圆状卵形，顶端尖或渐尖，基部楔形，边缘具粗锯齿，叶柄粗，长5~5.5厘米。总花梗细，明显短于叶，生于上部叶腋，通常具3花，稀1花；花梗中部有苞片。花淡黄色，长4厘米，侧生萼片4枚，外面2枚，斜卵形，具小尖头，被长柔毛，内面2枚，狭线形，约与外面2枚等长。旗瓣圆形，背面被柔毛；翼瓣具柄，2裂，基部裂片圆形，上部裂片大，斧形，顶端尖，背面具大耳。唇瓣囊状，口部斜上，先端一侧渐尖，被髯毛，基部渐狭成内弯而稍2浅裂的距。花丝短，具翅；花药顶端尖。子房纺锤形，未成熟蒴果线形，长1厘米，顶端具喙尖。

花 果 期： 花期8月。

生　　境： 生于开旷山坡、沟边林下或溪旁，海拔2000~3000米。

分　　布： 中国特有，产云南和四川。

图　　注： 1. 花枝；2. 花侧面观；3. 花正面观。

①

②

③

Section 6

中 文 名： 黄麻叶凤仙花

学　　名： *Impatiens corchorifolia* Franch.

形态特征： 一年生草本。茎直立。叶互生，叶片卵形或卵状披针形，先端尾状渐尖，基部圆钝或稍尖，有缘毛状具柄腺体，边缘有锯齿，侧脉6~7对；叶柄3~10毫米。总花梗细，短于叶，花2朵，少有1花，花梗短，在花下部有1宿存的卵形苞片，或中部有1~2线形苞片。花大，黄色，有时具紫斑；侧生萼片4枚，外面2枚，卵状矩圆形，先端渐尖，内面2枚，小，矩圆状披针形或条形；旗瓣圆形，背面中肋有龙骨状突起，先端具小突尖；翼瓣近无柄，2裂，基部裂片圆形，上部裂片较大，宽斧形，背面有较大的耳；唇瓣囊状，基部圆形，距极短，内弯，2裂；花药顶端钝。蒴果条形。

花 果 期： 7—10月。

生　　境： 生于杂木林下或山谷林缘阴湿处。海拔2100~3500米。

分　　布： 中国特有，产云南和四川。

图　　注： 1. 花枝；2、3. 花侧面观；4. 花正面观。

Section 6

中 文 名： 喙萼凤仙花

学 名： Impatiens cornutisepala S. X. Yu, Y. L. Chen et H. N. Qin

形态特征： 一年生草本。全株无毛。叶互生，基部楔形，渐狭成长0.5~2厘米的叶柄；或上部叶近无柄，叶片狭卵形，或卵状披针形，边缘具粗圆齿。总花梗生于茎枝顶端，纤细，具1花；花梗短，中、上部具苞片，苞片狭小。花大，黄色，长4~5厘米。侧生萼片2枚，圆形，顶端急尖，背面具绿色喙状突起，长2~3毫米。旗瓣肾形，黄色，顶端2浅裂，背面中肋增厚，具绿色龙骨状突起；翼瓣无柄，2裂，基部裂片卵状披针形，上部裂片斧形，背部具伸长而反折的小耳；唇瓣漏斗状，口部近平展或稍斜上，基部渐狭成稍内弯的短距。花丝短宽。子房纺锤形，直立，顶端渐尖。蒴果线形，顶端急尖。

花 果 期： 花期7—10月，果期8—11月。

生 境： 生于林缘或灌木丛中潮湿处或路边林下，海拔100~1300米。

分 布： 中国特有，产广西。

图 注： 1. 花枝；2. 花侧面观；3. 花正面观。

Section 6

中 文 名： 牯岭凤仙花

学　　名： Impatiens davidi Franch.

形态特征： 一年生草本。茎粗壮，无毛。叶互生；叶片膜质，卵状长圆形或卵状披针形，稀椭圆形，基部楔形或尖，边缘有粗圆齿，叶柄长4~8厘米。总花梗连同花梗长约1厘米，果时伸长，仅具1花，中上部有2枚苞片。花淡黄色；侧生萼片2枚，膜质，宽卵形，全缘；旗瓣近圆形，背面中肋具绿色鸡冠状突起；翼瓣具柄，2裂，基部裂片长圆形，先端渐尖成长尾状，上部裂片斧形，先端钝，背部近基部具钝角状的小耳；唇瓣囊状，具黄色条纹，基部急狭成钩状的距，距端2浅裂。雄蕊5，花丝线形，上部略扩大；花药卵球形，顶端钝；子房纺锤形，直立，顶端具短喙尖。蒴果线状圆柱形。

花 果 期： 花期7—9月。

生　　境： 生于山谷林下或草丛中潮湿处，海拔300~700米。

分　　布： 中国特有，产江西、安徽、浙江、福建、湖北及湖南。

图　　注： 1. 植株；2. 花正面观；3、4. 花侧面观。

Section 6

中 文 名： 齿萼凤仙花

学　　名： Impatiens dicentra Franch. ex Hook. f.

形态特征： 一年生草本。茎直立。叶互生，叶片卵形或卵状披针形，先端尾状渐尖，基部楔形，边缘有圆锯齿，齿端有小尖，叶片基部边缘有数枚具柄腺体，侧脉6~8对，叶柄长2~5厘米。花梗较短，腋生，中上部有卵形苞片，仅1花；花大，长达4厘米，黄色；侧生萼片2枚，宽卵圆形，渐尖，边缘有粗齿，少有全缘，背面中肋有狭龙骨状突起；旗瓣圆形，背面中肋龙骨状突起呈喙状；翼瓣无柄，2裂，基部裂片卵圆形，先端具细丝，上部裂片宽条形，先端有细丝，背面有小耳；唇瓣囊状，基部延伸成内弯而顶端2裂的短距；花药顶端钝。蒴果条形，先端有长喙。

花 果 期： 7—9月。

生　　境： 生于山沟溪边、林下草丛中，海拔1000~2700米。

分　　布： 中国特有，产河南、湖北、四川、重庆、贵州、陕西、湖南及江西。

图　　注： 1. 花枝；2、3. 花侧面观。

Section 6

中 文 名： 异型叶凤仙花

学　　名： Impatiens dimorphophylla Franch.

形态特征： 一年生草本。全株无毛。茎纤细，直立。叶互生，上部叶近无柄，叶片卵状披针形，下部叶片卵形，基部狭成3厘米长的叶柄，边缘具圆齿。总花梗生于茎上部或分枝的叶腋，短于叶柄，通常具1花，稀2花；花梗短，仅在花下具1苞片。花较大，橘黄色，侧生萼片4枚，外面2枚，卵状长圆形或圆形，里面2枚，与外面的同形；旗瓣圆形或宽倒心形，背面中肋细，顶端以下有龙骨状突起；翼瓣几无柄，2裂，基部裂片长圆形，上部裂片近菱形，背部具1齿和反折的狭小耳；唇瓣囊状，基部急狭成内弯而全缘或2浅裂的短距。花丝线形。子房卵球形，直立，顶端具喙尖。蒴果线形，顶端具喙尖。

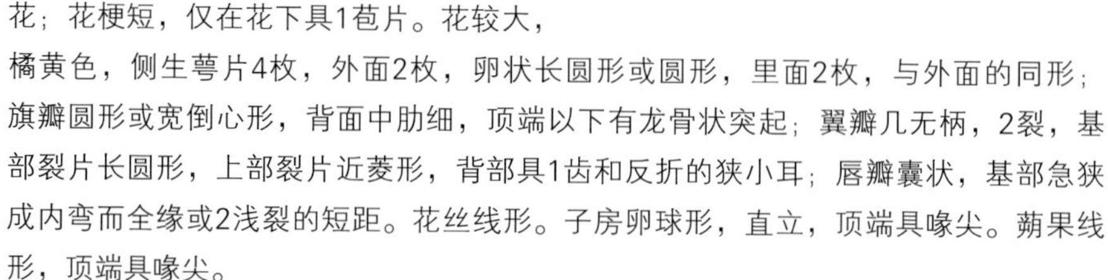

花 果 期： 花期9—10月。

生　　境： 生于高山松林或铁杉林下，海拔2800~3400米。

分　　布： 中国特有，产云南和四川。

图　　注： 1. 整株；2、3. 花侧面观。

Section 6

中 文 名： 裂距凤仙花

学　　名： Impatiens fissicornis Maxim.

形态特征： 一年生草本。茎细弱，直立。叶互生，叶片卵状长圆形或卵状披针形，先端尾状渐尖，基部楔形，叶缘具粗圆齿，齿端有小尖；下部叶柄较长，向上逐渐变短。花单生于上部叶腋，长约3~4厘米；花梗中上部有1枚狭披针形苞片；花黄色或橙黄色；侧生萼片2枚，近卵圆形，先端有小尖；旗瓣近圆形，背面中肋有宽翅，先端具短喙；翼瓣具柄，2裂，基部裂片长圆形，先端具丝状长尖，上部裂片斧形，先端尖；唇瓣囊状，具褐色斑纹，先端尖，基部延伸成钩状而顶端2裂的短距；花药顶端钝。蒴果长，椭球形。

花 果 期： 花期8—9月。

生　　境： 生于山谷林中阴湿处，海拔1200~2100米。

分　　布： 中国特有，产陕西和甘肃。

图　　注： 1. 花枝；2. 花正面观；3、4. 花侧面观。

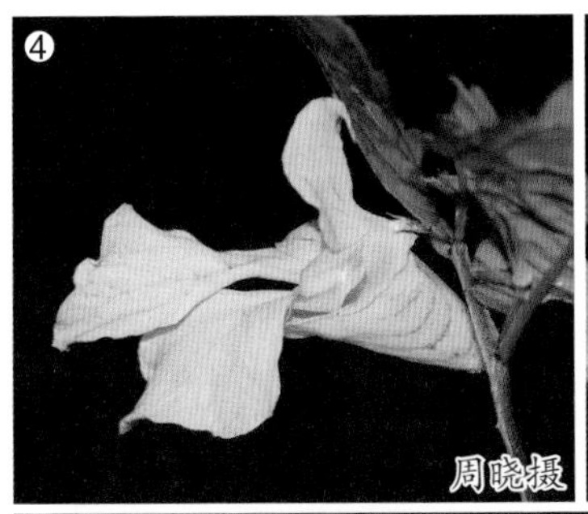

Section 6

中 文 名： 腹唇凤仙花

学　　名： *Impatiens gasterocheila* Hook. f.

形态特征： 一年生草本。全株无毛。茎直立。叶互生，叶片卵形，顶端渐尖，基部楔形，渐狭成2~3厘米长的细柄，边缘具小锯齿。花序具总花梗；总花梗细，具1花，花梗果期伸长，具数枚苞片。花中等大，长2厘米，粉紫色；侧生萼片4枚，外面2枚，线状披针形，内面2枚，线形，顶端急尖；旗瓣圆形，中肋背面增厚，具狭翅，顶端具角；翼瓣具宽柄，2裂，基部裂片长圆形，上部裂片长于基部裂片的一半，倒卵状长圆形，背面具反折的小耳；唇瓣肿胀且内弯，口部平，呈舟状，长渐尖，基部急狭成短距。花丝短，线形；花药较大。子房纺锤形，具条纹，顶端渐尖。蒴果直立，线形，长2厘米，顶端渐尖。

花 果 期： 花期8—9月。

生　　境： 生于溪边或山坡路旁阴湿处，海拔900米。

分　　布： 中国特有，产四川。

图　　注： 1. 花枝；2. 花侧面观；3. 花正面观。

Section 6

中 文 名： 中州凤仙花

学　　名： Impatiens henanensis Y. L. Chen

形态特征： 一年生草本。全株无毛或近无毛。茎直立。叶互生，叶片卵形或椭圆状卵形，基部宽楔形或近圆形，具1~2对球形腺体，边缘具锯齿，叶柄长5~15毫米。总花梗生于上部叶腋，明显短于叶，具2~3花；花梗细，果期略伸长，中上部有苞片。花粉紫色，宽2~2.5厘米；侧生萼片2枚，斜卵形或卵形，中肋背面具极窄的翅；旗瓣近圆形，中肋背面具鸡冠状突起；翼瓣具短柄，2裂，基部裂片长圆形，上部裂片斧形，背部具反折的近半月形小耳；唇瓣囊状，口部斜上，先端尖，基部急狭成上弯而顶端2裂的距。花丝线形，花药顶端尖。子房纺锤形，顶端具喙尖。蒴果线状圆柱形，长2.5~3厘米。

花 果 期： 花期8月，果期9月。

生　　境： 生于山谷林缘或阴湿处。海拔1200~1450米。

分　　布： 中国特有，产河南和山西。

图　　注： 1. 居群；2. 花正面观；3. 花侧面观。

Section 6

中 文 名： 撕裂萼凤仙花

学　　名： *Impatiens lacinulifera* Y. L. Chen

形态特征： 一年生草本。茎肉质；叶互生，具柄，叶片椭圆形或椭圆状卵形，稀卵状披针形，基部宽楔形或近圆形，边缘具粗圆齿。总花梗生于上部叶腋，具1花，中部以上有1苞片。花大，黄色，侧生萼生2枚，圆形或宽卵圆形，背面边缘具不规则流苏状细撕裂，中肋及脉在背面稍加厚，具狭龙骨状突起；旗瓣圆形，中肋背面具宽鸡冠状突起；翼瓣近无柄，2裂，基部裂片圆形，上部裂片长圆状斧形，长于基部裂片的2倍，背面有圆形小耳；唇瓣檐部深囊状，具条纹，基部圆形，急狭成钩状、内弯而顶端2裂的短距；花丝较短，花药近球形；子房纺锤形，顶端渐尖。蒴果线形，具5棱，棱上有乳头状突起，顶端具长喙尖。

花 果 期： 花期8—9月。

生　　境： 生于山谷潮湿处，海拔1600米。

分　　布： 中国特有，产四川。

图　　注： 1. 居群；2. 花侧面观；3. 花枝。

Section 6

中 文 名： 滇西北凤仙花

学　　名： *Impatiens lecomtei* Hook. f.

形态特征： 一年生柔弱草本。全株无毛。叶互生，中、下部叶具长柄，叶片狭卵形，边缘具粗圆齿，基部楔形，渐狭成3~5厘米长的叶柄，上部叶具短柄或近无柄。总花梗生于上部叶腋，具1花，中部具苞片。花大，粉红色或紫红色，侧生萼片2枚，圆形，中肋背面具龙骨状突起；旗瓣薄膜质，圆形，背面中肋增厚，具宽鸡冠状突起，冠突全缘，顶端具喙；翼瓣近无柄，2裂，基部裂片卵形，顶端具极细的丝；上部裂片斧形，背部顶端以下具刚毛。背部具伸长反折的小耳。唇瓣宽漏斗形，具堇紫色条纹，口部平展，先端渐尖，基部渐狭成内弯而顶端2裂的细距。花丝短，线形。子房纺锤形，直立，顶端渐尖。蒴果线形，顶端具喙尖。

花 果 期： 花期8—9月。

生　　境： 生于山谷阴湿处或溪旁，海拔2600米。

分　　布： 产云南。缅甸也有分布。

图　　注： 1. 植株；2、3. 花侧面观；4. 花正面观。

Section 6

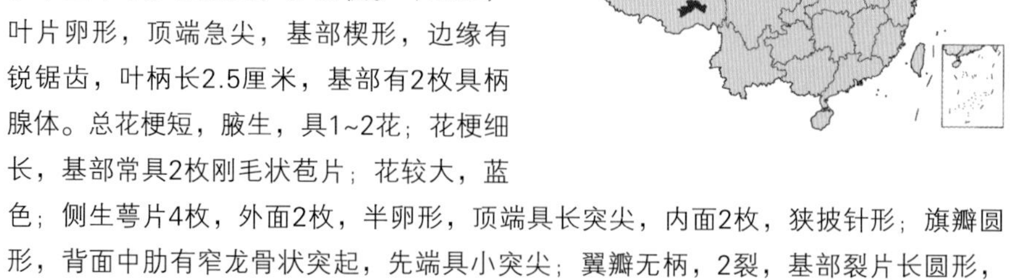

中 文 名： 南迦巴瓦凤仙花

学　　名： *Impatiens namchabarwensis* Morgan, R., Yuan, Y-M. & Ge X-J.

形态特征： 多年生草本。茎直立，多分枝。叶互生，叶片卵形，顶端急尖，基部楔形，边缘有锐锯齿，叶柄长2.5厘米，基部有2枚具柄腺体。总花梗短，腋生，具1~2花；花梗细长，基部常具2枚刚毛状苞片；花较大，蓝色；侧生萼片4枚，外面2枚，半卵形，顶端具长突尖，内面2枚，狭披针形；旗瓣圆形，背面中肋有窄龙骨状突起，先端具小突尖；翼瓣无柄，2裂，基部裂片长圆形，上部裂片大，斧形，先端2浅裂，背面有明显的小耳；唇瓣囊状，基部渐狭成内弯的短距。蒴果纺锤形，顶端具喙尖。

花 果 期： 花期7—9月。

生　　境： 生于河谷潮湿处，海拔900~1000米。

分　　布： 中国特有，产西藏。

图　　注： 1. 花枝；2. 花侧面观；3. 花正面观。

Section 6

中 文 名： 宽距凤仙花

学　　名： Impatiens platyceras Maxim.

形态特征： 一年生草本。茎直立。叶互生，叶片卵形或披针状卵形，先端尾状渐尖，基部微心形或钝圆，边缘具粗钝齿，下部叶具较长叶柄，向上逐渐变短至近无柄。总花梗生上部叶腋，有花1~4朵；花梗纤细，上部有1枚狭卵形苞片；花大，长2~3厘米，淡紫红色；侧生萼片2枚，宽卵形或近圆形，边缘不整齐撕裂；旗瓣宽肾形，背面中肋具鸡冠状突起，先端具尖头，翼瓣2裂，基部裂片小，长圆形，先端有丝状长尖，上部裂片大，斧形，先端尖；唇瓣囊状，具紫褐色斑纹，基部延伸成内弯而顶端2裂的短距；花药顶端钝。蒴果线形。

花 果 期： 花期7—8月。

生　　境： 生于海拔2000~3200米的山坡林下阴湿处。

分　　布： 中国特有，产甘肃、四川和湖北。

图　　注： 1、4. 居群；2. 花正面观；3. 花侧面观。

Section 6

中 文 名： 紫萼凤仙花

学　　名： Impatiens platychlaena Hook. f.

形态特征： 一年生草本。全株无毛。叶互生，叶片基部楔形，渐狭成2~5厘米长的叶柄，上部叶近无柄，叶片狭卵形，边缘具粗圆齿。总花梗生于茎枝顶端，纤细，具1~2花，稀3花；花梗短，中、上部具苞片。花大，长3~4厘米，通常两色。侧生萼片2枚，宽圆形，干时泥褐色至紫红色，全部或具紫色斑点，有光泽，背面中肋不增厚。旗瓣圆形，紫色或黄色，顶端2浅裂，背面中肋增厚，全缘或2裂；翼瓣无柄， 2裂，基部裂片圆形，上部裂片长斧形，背部具伸长而反折的小耳；唇瓣深囊状，口部近平展或稍斜上，基部圆形，急狭成粗、内弯而顶端2裂的短距。花丝短宽。子房纺锤形，直立，顶端渐尖。蒴果线形，顶端急尖。

花 果 期： 花期8—9月，果期10月。

生　　境： 生于林缘或灌木丛中潮湿处或路边林下，海拔750~2500米。

分　　布： 中国特有，产四川。

图　　注： 1. 花枝；2. 花侧面观；3. 花正面观。

Section 6

中 文 名： 康定凤仙花

学　　名： Impatiens soulieana Hook. f.

形态特征： 高大草本。全株无毛。茎直立。叶互生，叶片卵形，稀长圆形或圆形，基部圆形或楔形，渐狭成1~5厘米长的细柄，边缘具粗圆齿。总花梗短细，具1~3花；花梗中部具苞片。花长3-4厘米，黄色，侧生萼片2枚，宽卵形，渐尖，稀圆形，中肋背面具窄龙骨状突起；旗瓣圆形，中肋背面具狭鸡冠状突起；翼瓣几无柄，2裂，基部裂片卵形，具长细丝，上部裂片长于基部裂片的2倍，稍外弯，斧形，顶端圆形，钝，或背部顶端下部具小刚毛，背部具反折的窄小耳；唇瓣檐部漏斗状，口部平展，长渐尖，基部渐狭成与檐部等长或长于檐部而顶端深2裂的粗距。花丝较长；花药小，子房纺锤形。蒴果纺锤形或圆柱形，顶端具喙。

花 果 期： 花期7—8月，果期8—9月。

生　　境： 生于次生灌丛中、杂木林下或沟边湿处，海拔1400~3000米。

分　　布： 中国特有，产四川。

图　　注： 1. 花枝；2. 花正面观；3、4. 花侧面观。

Section 6

中 文 名： 荨麻叶凤仙花

学　　名： Impatiens urticifolia Wall.

形态特征： 一年生草本。茎通常纤细，无毛。叶互生，下部叶有长柄，上部叶无柄，叶片椭圆状卵形或椭圆形，或长圆状披针形，边缘具圆齿；叶柄长2.5~5厘米。总花梗通常腋生或近顶生，纤细，开展或多少呈弧状，与叶近等长，具3~5花；花梗丝状或纤细，长于苞片。花较宽大，径达2.5厘米，淡黄色或淡紫色，具红色纹条；侧生萼片2枚，斜卵形，一侧边缘常具腺体；旗瓣圆形，背面具不明显的龙骨状突起；翼瓣无柄，2裂，基部裂片圆形，上部裂片斧形，顶端尖，背面具反折的小耳；唇瓣短，斜囊状，基部急狭成内弯或钩状的短距，花药顶端钝。蒴果线形，长2.5厘米，顶端具喙尖。

花 果 期： 花期6—8月。

生　　境： 生于山坡林下或高山栎或冷杉林下，海拔2300~3400米。

分　　布： 产西藏。尼泊尔、印度和不丹也有分布。

图　　注： 1. 花枝；2. 花正面观；3. 花侧面观。

Section 6

中 文 名： 条纹凤仙花

学　　名： Impatiens vittata Franch.

形态特征： 一年生草本。全株无毛。茎直立。叶互生，最上部叶近无柄，下部叶具柄，叶片卵状披针形，边缘具圆齿，基部楔形，具有柄腺体，叶柄长1~3厘米，侧脉5~6对，细。总花梗生于上部叶腋，具1花，中部具1苞片。花黄色或白色，长4~5厘米，具紫色条纹。侧生萼片2枚，圆形，淡绿色，中肋背面基部具小囊。旗瓣圆形，中肋背面具大而扁的鸡冠状突起；翼瓣具宽短柄，2裂，裂片均具顶生的细丝，基部裂片具密紫色斑点，上部裂片具紫色条纹，背部具圆形小耳；唇瓣囊状，口部近平展，先端尖或渐尖，基部具内弯而顶端2浅裂的短粗距。花丝短，线形；花药顶端钝。子房线形，直立，顶端尖。

花 果 期： 7—10月。

生　　境： 生于山谷林缘阴湿处，海拔1500~2000米。

分　　布： 中国特有，产四川。

图　　注： 1. 花枝；2、5、6. 花侧面观；3、4. 花正面观。

Section 7

中 文 名： 顶喙凤仙花

学　　名： Impatiens compta Hook. f.

形态特征： 一年生草本。全株无毛。茎直立，粗壮。叶互生，叶片卵圆形，边缘具粗圆齿，下部叶柄丝状，长2~4厘米，上部叶无柄或具短柄。总花梗生于茎枝上部叶腋，具1~2花，稀3花；花梗细，中部具苞片。花大而美丽，淡紫蓝色，长3.5~4厘米，侧生萼片2枚，圆形或卵状圆形，不等侧；旗瓣扁圆形或近肾形，中肋背部增厚；翼瓣伸长，无柄，2裂，基部裂片圆形，上部裂片披针状斧形，背部顶端以下具微缺刻，具弯曲的刚毛，背部具反折的小耳；唇瓣伸长，深囊状，口部平展，基部急狭成长而内弯的钝距。具紫红色斑点。花丝线形，花药卵形。子房纺锤形，直立。蒴果线形，长3~4厘米，顶端具喙尖。

花 果 期： 花期8—9月。

生　　境： 生于沟边林下或山坡草丛中，或溪边潮湿处，海拔1560~2200米。

分　　布： 中国特有，产重庆和湖北。

图　　注： 1. 花侧面观；2、3. 花正面观。

Section 7

中 文 名： 耳叶凤仙花

学　　名： *Impatiens delavayi* Franch.

形态特征： 一年生草本。茎细弱，全株无毛。叶互生，中下部叶具柄，叶片宽卵形或卵状圆形，上部叶无柄或近无柄，抱茎，叶片卵形，边缘有粗圆齿。总花梗纤细，生于茎枝上部叶腋，具1~5花；花梗细短，花下部仅有1枚宿存的卵形苞片。花较大，长约2~3厘米，淡紫红色或污黄色；侧生萼片2枚，斜卵形或卵圆形，顶端尖、不等侧；旗瓣圆形兜状，背面中肋圆钝；翼瓣基部楔形，基部裂片小，近方形，上部裂片大，斧形，急尖，背面具小耳；唇瓣囊状，基部急狭成内弯而顶端2裂的短距；花药顶端钝，蒴果线形，长3~4厘米。

花 果 期： 7—9月。

生　　境： 生于山麓、溪边、山沟水边或冷杉林或高山栎林下，海拔3400~4200米。

分　　布： 中国特有，产云南、四川及西藏。

图　　注： 1. 花枝；2. 花侧面观；3. 花正面观。

Section 7

中 文 名： 阔苞凤仙花

学　　名： *Impatiens latebracteata* Hook. f.

形态特征： 一年生草本。全株无毛。茎纤细。叶互生，叶片长圆形或卵状长圆形，顶端钝，基部圆形或心形，边缘具圆齿，中脉纤细；叶柄长0.5~3厘米，细，下部无腺体。花总梗短于叶，纤细，具2~5花；花梗中部具苞片。花黄色，宽达1厘米；侧生萼片2枚，宽卵形至圆形，不等侧；旗瓣圆形，具角，中肋背面增厚；翼瓣无柄，基部裂片圆形或宽长圆形，上部裂片大于基部裂片2倍，斧形，顶端圆形，背部具反折小耳；唇瓣漏斗状，口部近平展，基部渐狭成内弯的距。花丝极短，花药宽卵形，顶端尖；子房纺锤形，直立，顶端渐尖。蒴果狭椭圆形，长1.5~2（~3）厘米，直立，两端缩小。

花 果 期： 花期8月。

生　　境： 生于山坡、林缘或阴湿处，海拔1900米。

分　　布： 中国特有，产四川和陕西。

图　　注： 1. 居群；2. 花侧面观；3. 花正面观。

Section 7

中 文 名： 长翼凤仙花

学　　名： *Impatiens longialata* Pritz. ex Diels

形态特征： 一年生草本。全株无毛。茎直立。叶互生，叶片椭圆形或卵状长圆形，边缘具粗圆齿，下部叶柄长6~7厘米，上部叶的叶柄长3~5毫米。总花梗生于上部叶腋，长于叶柄或等于上部叶之半，具2~3花，稀4花；花梗细，果期伸长，中上部具苞片。花较大，淡黄色，侧生萼片2枚，宽卵形，或近心形；旗瓣宽，近肾形，中肋背面稍增厚。具狭龙骨状突起，顶端具极短而弯曲的尖；翼瓣具长柄，2裂，基部裂片圆形，上部裂片长椭圆形，边缘波状，凹入；唇瓣檐部漏斗形，内面具紫色斑点，口部平展，基部渐狭成内弯的细距。花丝线形，花药三角状卵形；子房纺锤形，顶端具喙尖。蒴果线形，长2~2.5厘米，顶端具喙尖。

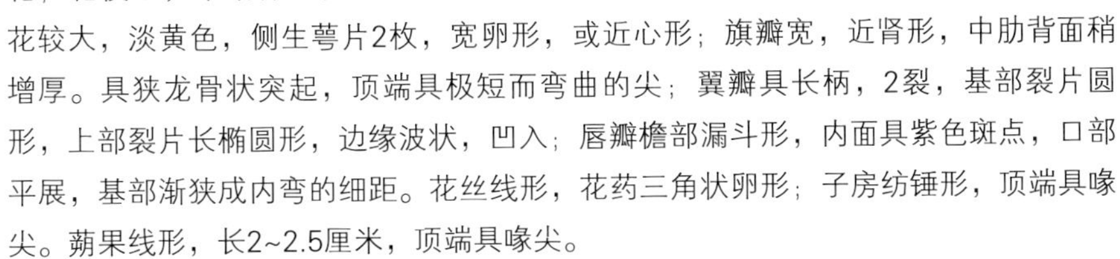

花 果 期： 花期7—8月，果期9—10月。

生　　境： 生于山谷沟边、路旁潮湿草丛中，海拔500~2000米。

分　　布： 中国特有，产重庆、湖北、湖南及贵州。

图　　注： 1. 居群；2. 花正面观；3. 花侧面观。

Section 7

中 文 名： 水金凤

学　　名： Impatiens noli-tangere L.

形态特征： 一年生草本。茎肉质，直立，无毛。叶互生；叶片卵形或卵状椭圆形，边缘有粗圆齿，叶柄纤细，长2~5厘米。上部叶柄极短或近无柄。总花梗长1~1.5厘米，具2~4花，排列成总状花序；花梗中上部有1枚苞片。花黄色；侧生萼片2枚，卵形或宽卵形；旗瓣圆形或近圆形，背面中肋具绿色鸡冠状突起；翼瓣无柄，2裂，基部裂片小，长圆形，上部裂片宽斧形，近基部散生橙红色斑点，背部近基部具钝角状的小耳；唇瓣宽漏斗状，喉部散生橙红色斑点，基部渐狭成内弯的距。雄蕊5，花丝线形，花药卵球形，顶端尖；子房纺锤形，直立，顶端具短喙尖。蒴果线状圆柱形，长1.5~2.5厘米。

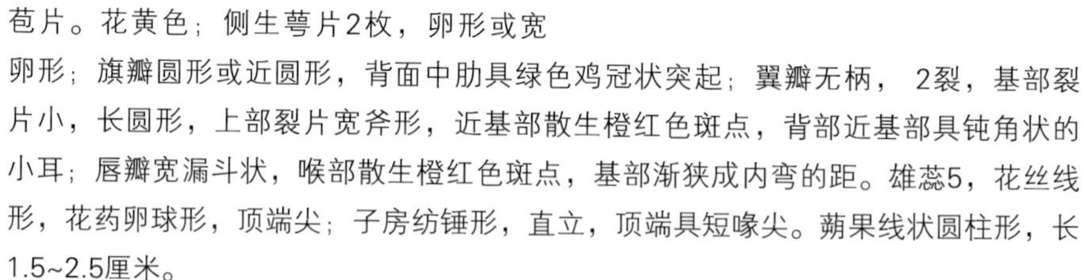

花 果 期： 花期7—9月。

生　　境： 生海拔300~2400米的山坡林下、林缘草地或沟边阴湿处。

分　　布： 产黑龙江、吉林、辽宁、内蒙古、河北、河南、山西、陕西、甘肃、青海、浙江、安徽、四川、江西、广东、广西、山东、湖北及湖南。朝鲜半岛、日本和俄罗斯也有分布。

图　　注： 1. 花枝；2、3. 花侧面观。

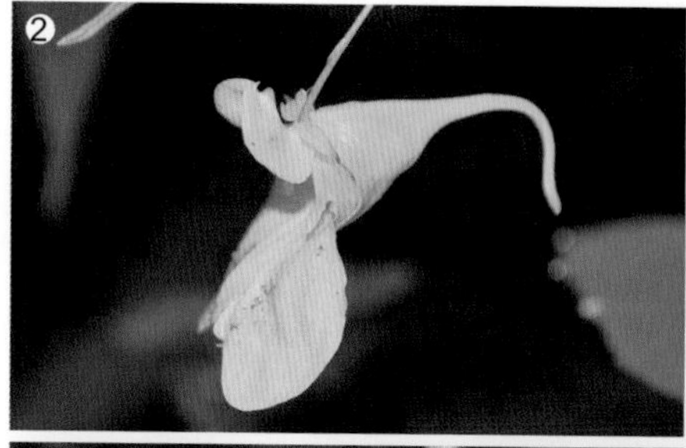

Section 7

中 文 名： 西固凤仙花

学　　名： Impatiens notolophora Maxim.

形态特征： 一年生草本。全株无毛。茎直立。叶互生，具细长柄，中部叶有时近对生，叶片宽卵形或卵状椭圆形，稀近圆形，基部宽楔形，急狭成2.5~4厘米长的叶柄，边缘具粗圆齿。总花梗生于茎枝上部叶腋，极细，具3~5花；花梗丝状，上部具苞片。花小或极小，黄色，长0.5~1厘米；侧生萼片2枚，卵状长圆形或圆形；旗瓣近圆形，背面中肋具类叶绿色宽翅，顶端圆形；翼瓣无柄，2裂，基部裂片肉质，近圆形，上部裂片具柄，圆形或宽斧形，背面向中部具小裂片；背部的小耳小，弯曲对生；唇瓣檐部小舟形，基部渐狭成内弯的细距，顶端棒状。花丝短，线形，花药2室。子房纺锤形。蒴果狭纺锤形，顶端渐尖。

花 果 期： 花期7—8月，果期8—9月。

生　　境： 生于海拔2200~3600米的混交林中或山坡林下阴湿处。

分　　布： 中国特有，产四川、甘肃、陕西及河南。

图　　注： 1. 花枝；2、3. 花侧面观。

Section 7

中 文 名： 高山凤仙花

学　　名： Impatiens nubigena W. W. Smith

形态特征： 一年生草本。全株无毛。茎直立。叶互生，叶片卵形或椭圆状卵形，边缘具浅波状圆齿或近全缘，下部叶具长柄；叶柄细，长1.5~3.5厘米，中部及上部叶无柄，叶片基部心形抱茎，具圆形叶耳。总花梗生于茎枝上部叶腋，短于叶，下部的总花梗通常具1花，较上部的具2花；花梗线状，花下部具苞片。花极小，白色；侧生萼片2枚，宽卵形，旗瓣圆形，顶端微凹，具小尖；翼瓣无柄，2裂，基部裂片斜卵形，达翼瓣的中部，上部裂片长约基部裂片的2倍，长圆状披针形，背部无小耳，顶端钝；唇瓣檐部舟状，口部平展，中部以下到基部渐狭成尖距，状似无距。花丝稍扁，花药顶端钝。子房纺锤形，直立，顶端具喙尖。蒴果线形。

花 果 期： 花期8月，果期9月。

生　　境： 生于高山栎或冷杉林下岩石边、山坡草地或山沟水边，海拔2700~4000米。

分　　布： 中国特有，产云南、四川及西藏。

图　　注： 1. 花枝；2. 花正（侧）面观；3. 花正面观。

Section 7

中 文 名： 罗平凤仙花

学　　名： Impatiens poculifer Hook. f.

形态特征： 高大草本。全株无毛。茎直立。叶互生，叶片卵形或倒卵状长圆形，边缘具粗圆齿，下部叶的叶柄粗，长5~15（~35）毫米，上部叶近无柄或具极短的叶柄。总花梗生于茎枝上部叶腋，短于叶，纤细，具3~4花；花梗长1~2厘米。花黄色或粉白色，长 2.5厘米，具紫黄色条纹；侧生萼片2枚，宽卵形；旗瓣圆形，中肋背面具宽鸡冠状突起；翼瓣短，无柄，基部宽楔形，具关节（曲膝），2裂，基部裂片圆形，上部裂片斧形，背部具圆形小耳；唇瓣大，半球形或杯状，口部平展，基部急狭成内弯的短距。花丝狭线形。子房纺锤形，顶端尖。蒴果线形，长3.5~5厘米，顶端渐尖。

花 果 期： 花期8—9月。

生　　境： 生于草坡或杂木林下，海拔3000~3600米。

分　　布： 中国特有，产云南。

图　　注： 1. 花枝；2、3. 花正面观。

Section 7

中 文 名： 波缘凤仙花

学　　名： Impatiens undulata Y. L. Chen et Y. Q. Lu

形态特征： 一年生草本。茎光滑无毛，直立。叶互生，下部叶有叶柄，上部叶无叶柄，叶片卵形或卵圆形，顶部钝，基部圆、平截或心形，边缘具波状或钝圆齿。总花梗腋生，常看似叶下生，1~3花。花梗细，近中部具1枚钻状苞片。花黄色，小，宽达1厘米，长达2厘米。侧生萼片2枚，小，卵球形。黄色，干时变褐色；旗瓣近圆形，背部中脉具龙骨状突起，绿色；翼瓣近无柄，2裂，基部裂片小，上部裂片大，斧形，顶端下背部有缺刻，背耳狭；唇瓣高脚碟形，口部近水平，钝，距细，顶部卷曲，比檐部长得多。花丝短，花药顶端锐尖。蒴果纺锤形，长1.5~1.8厘米，近黑色。

花 果 期： 花期8—9月。

生　　境： 生于林缘或林间草地，海拔1800~2000米。

分　　布： 中国特有，产四川。

图　　注： 1. 居群；2. 花正面观；3. 花侧面观；4. 花枝。

Section 8

中 文 名： 太子凤仙花

学　　名： Impatiens alpicola Y. L. Chen et Y. Q. Lu

形态特征： 一年生草本。全株无毛。叶互生，叶柄短，长达2厘米，叶片卵状椭圆形，顶端锐尖，基部狭楔形，有具柄小腺，边缘具粗锯齿，侧脉5对。总花梗多枚，(2~) 3~4花，花柄细，基生1枚苞片。花黄色，宽1.5厘米，长1.8厘米。侧生萼片2枚，小，绿色，基部楔形或稍凹陷；旗瓣小，卵圆形，背部中肋具单峰状突出，绿色；翼瓣无柄，2裂，基部裂片小，斜卵状，上部裂片宽斧形，顶端下背部具缺刻，背耳无或不明显；唇瓣斜漏斗形，口部平展，稍钝，宽达0.8 (0.9) 厘米，基部渐尖为细长弯曲的距。花药小而顶端钝。花丝长而扁平。子房直立，细。蒴果纺锤形。

花 果 期： 7—9月。

生　　境： 生于林缘潮湿处，海拔2800~2900米。

分　　布： 中国特有，产四川。

图　　注： 1. 花枝；2. 花侧面观；3. 花正面观。

Section 8

中 文 名： 川西凤仙花

学　　名： Impatiens apsotis Hook. f.

形态特征： 一年生草本。茎纤细，无毛。叶互生，叶片薄膜质，卵形，顶端渐尖或稍尖，基部楔形或截形，边缘具粗齿，叶柄细，长1~5厘米。总花梗腋生，短于或长于叶柄；具1~2花；花梗中部以上具1枚卵状披针形的苞片。花小，径1厘米，白色，侧生萼片2枚，线形，绿色，顶端尖，背面中肋具龙骨状突起；旗瓣绿色，舟状，直立，背面中肋具短而宽的翅；翼瓣具柄，2裂，基部裂片卵形，顶端尖，上部裂片长于基部裂片3倍，斧形，顶端钝，背面具肾形的小耳；唇瓣檐部舟状，向基部漏斗状，渐狭成内弯且与檐部等长的距。花药小而顶端钝。蒴果狭线形，长3~3.5厘米，顶端尖。

花 果 期： 花期6—9月。

生　　境： 生于海拔2200~3000米的河谷、林缘潮湿地。

分　　布： 中国特有，产四川、西藏、青海、陕西及云南。

图　　注： 1. 花枝；2. 果实；3. 花侧面观；4. 花正面观。

Section 8

中 文 名： 版纳凤仙花

学　　名： Impatiens bannanensis S. H. Huang

形态特征： 一年生草本。茎直立。叶互生，叶片椭圆形至矩圆形，顶端渐尖，基部楔形，具一对腺体。边缘具锯齿或圆齿。总花梗生于上部叶腋。具2~3花；花梗长1~1.5厘米，基部具线状披针形苞片。花粉红色；侧生萼片2枚，卵状椭圆形，顶端锐尖，具芒；旗瓣椭圆形，顶端具内弯的喙，背面中肋具狭喙；翼瓣无柄，2裂，基部裂片圆形，上部裂片较大，斧形；唇瓣囊状，具渐细而稍内弯的距，顶端锐尖。花丝丝状，花药顶端尖。子房镰刀状，顶端具喙。蒴果线状圆柱形，表面密被白色柔毛。

花 果 期： 8—11月。

生　　境： 生于山坡林缘潮湿处，海拔1300米。

分　　布： 中国特有，产云南。

图　　注： 1. 花枝；2. 花正面观；3. 花侧面观。

Section 8

中 文 名： 包氏凤仙花

学　　名： Impatiens bodinieri Hook. f.

形态特征： 一年生草本。全株近无毛。茎直立，有分枝，小枝细。叶互生，常聚集于茎枝顶端，叶片倒卵状长圆形或卵状长圆形，顶端渐尖，基部楔形，边缘具锯齿或圆齿。总花梗丝状，被微毛，生于上部叶腋。具2~3花；花梗长2~3厘米，基部具苞片，苞片线状披针形。花黄色；侧生萼片2枚，卵形，不等侧，顶端锐尖；旗瓣圆形，中肋背面增厚；翼瓣无柄，2裂，基部裂片圆形，上部裂片较大，斧形；唇瓣檐部漏斗状，口部斜上，先端尖，基部渐狭成内弯的细距。花丝短宽，花药小。子房纺锤形。蒴果纺锤形。

花 果 期： 7—9月。

生　　境： 生于山坡林缘潮湿处，海拔750~1400米。

分　　布： 中国特有，产贵州和广西。

图　　注： 1. 居群；2. 果实；3. 花正面观；4. 花枝。

Section 8

中 文 名： 睫毛萼凤仙花

学　　名： *Impatiens blepharosepala* Pritz. ex Diels

形态特征： 一年生草本。茎直立。叶互生，常密集于茎或分枝上部，叶片矩圆形或矩圆状披针形，先端渐尖或尾状渐尖，基部楔形，有2枚球状腺体，边缘有圆齿，齿端具小尖，侧脉7~9对。总花梗腋生，花1~2朵；花梗中上部有1条形苞片；花紫色；侧生萼片2枚，卵形，先端突尖，边缘有睫毛，有时具疏小齿，脱落；旗瓣近肾形，先端凹，背面中肋有狭翅，翅端具喙；翼瓣无柄，2裂，基部裂片矩圆形，上部裂片大，斧形；唇瓣宽漏斗状，基部突然延伸成内弯而长达3.5厘米的距；花药顶端钝。蒴果条形。

花 果 期： 7—10月。

生　　境： 生于山谷水旁、沟边、林缘或山坡阴湿处，海拔500~1600米。

分　　布： 中国特有，产湖南、湖北、江西、贵州、安徽、福建、河南、江苏、广东及广西。

图　　注： 1. 植株；2. 花正面观；3. 花枝。

Section 8

中 文 名： 鸭跖草状凤仙花

学　　名： Impatiens commellinoides Hand.-Mazz.

形态特征： 一年生草本。茎纤细，平卧。叶互生；叶片卵形或卵状菱形，先端急尖或短渐尖，基部楔形，边缘具疏锯齿，侧脉5~7对，弧状弯曲；叶柄长达2厘米。总花梗连同花梗长2~4厘米，被短糙毛，仅具1花，中上部有1枚苞片。花蓝紫色；侧生萼片2枚；宽卵形；旗瓣圆形，背面中肋有绿色狭龙骨状突起，顶端具小尖，翼瓣具柄，2裂，裂片均近圆形，上部裂片较大，背部无明显小耳；唇瓣宽漏斗状，基部渐狭成内弯或螺旋状卷曲的距。雄蕊5，花丝线形，扁平，花药卵形，顶端尖；子房纺锤形，直立，顶端具5齿裂。蒴果线状圆柱形，长约1.8厘米，顶端具短尖。

花 果 期： 7—9月。

生　　境： 生于田边或山谷沟边、海拔300~900米。

分　　布： 中国特有，产浙江、福建、江西、湖南、广东及重庆。

图　　注： 1. 居群；2. 花侧面观；3. 花正面观。

Section 8

中 文 名： 华丽凤仙花

学 名： *Impatiens faberi* Hook. f.

形态特征： 一年生草本。全株近无毛。茎直立。叶互生，无柄或具短柄，叶片倒狭卵形，顶端渐尖，基部楔形，渐狭成2~4厘米长的叶柄，边缘具锯齿或圆齿。总花梗生于上部叶腋，细，直立，无毛或被微毛。具2花；花梗果期稍伸长，基部具苞片。花大，紫红色；侧生萼片2枚，绿色，卵形，中脉加厚；旗瓣圆形，顶端凹或2裂，基部深2裂，中肋背面增厚，具翅，有时中部有小囊或具角；翼瓣无柄，2裂，基部裂片圆形，上部裂片较大，斧形，背部的小耳呈细丝状伸入唇瓣的距内；唇瓣角状，口部斜上，先端具小尖，基部收缩为内弯的距。花丝极短宽，花药顶端近尖。子房纺锤形，顶端急尖。蒴果狭线形，具条纹，顶端渐尖。

花 果 期： 花期8—9月。

生 境： 生于山坡林缘或路边潮湿处，海拔1350~2100米。

分 布： 中国特有，产四川。

图 注： 1. 植株；2. 花侧面观；3. 花正面观。

Section 8

中 文 名： 镰瓣凤仙花

学 名： *Impatiens falcifer* Hook. f.

形态特征： 一年生草本。茎直立，叶互生，叶片卵状长圆形，顶端尖或渐尖，基部楔形，边缘具锐锯齿，基部边缘具缘毛，叶柄长5~10毫米。总花梗短，单生于叶腋，具1花，稀2花；花梗细，中部有刚毛状或狭披针形的苞片。花黄色，开展，长2厘米，具红色斑点或无斑点；侧生萼片2枚，卵形或卵状长圆形；旗瓣圆形，盔状，中肋背面加厚，顶端具小尖头；翼瓣基部裂片小，圆形，上部裂片大，2裂，侧生裂片镰状，内弯，线状长圆形，顶端裂片长圆形，背面无小耳；唇瓣檐部漏斗状，基部狭成直或内弯的距。花药小。蒴果线形，长达2厘米，顶端具喙尖。

花 果 期： 花期8—9月。

生 境： 生于河边草地或栎林下，海拔 2300~2500米。

分 布： 产西藏。不丹、尼泊尔及印度也有分布。

图 注： 1. 花枝；2. 花正面观；3. 花侧面观。

Section 8

中 文 名： 纤袅凤仙花

学　　名： Impatiens imbecilla Hook. f.

形态特征： 一年生草本。全株无毛。茎纤细，直立。叶互生，叶片卵形或卵状长圆形，基部楔形，渐狭成2~4厘米长的叶柄，边缘具锯齿。总花梗生于上部叶腋，与叶近等长，具2花，稀1花；花梗细，基部或中下部具苞片。花梗及苞片被微毛。花中等大或小，淡红色；侧生萼片2枚，卵圆形；旗瓣圆形，顶端2浅裂，中肋背面增厚，具鸡冠状突起，冠突具小圆齿；翼瓣无柄，2裂，基部裂片圆形或近三角形，具斑点，上部裂片较长，斧形，顶端圆形，背部的小耳呈长丝状，插入唇瓣的下垂距内；唇瓣角状，口部斜上，向下渐狭成直或镰状的距。花丝线形，花药顶端尖。子房线形，具5肋，顶端尖。蒴果线形。

花 果 期： 花期8—9月。

生　　境： 生于山坡林缘或路旁潮湿处，海拔1900~2300米。

分　　布： 中国特有，产四川。

图　　注： 1. 花枝；2. 花侧面观；3. 花正面观。

Section 8

中 文 名： 毛凤仙花

学　　名： Impatiens lasiophyton Hook. f.

形态特征： 一年生草本。全株被开展柔毛。茎粗壮，直立。叶互生，叶片椭圆形、卵形或卵状披针形，先端急尖或渐尖，基部楔形，边缘有粗圆齿或圆齿，叶柄长1~3厘米。总花梗长2~3厘米，腋生，花2朵，花梗纤细，在花下部有1枚披针形苞片；花黄色或白色；侧生萼片2枚，少有4枚，半卵形，先端突尖，外面有硬柔毛；旗瓣圆形，基部2裂，背面中肋有厚翅，先端有宽喙；翼瓣无柄，2裂，基部裂片小或退化，上部裂片宽斧形或半月形，背面有明显的小耳；唇瓣宽漏斗状，基部延伸成内弯的距；花药顶端钝。蒴果条状纺锤形。

花 果 期： 7—9月。

生　　境： 生于山谷阴湿处、水沟边或密林中，海拔1700~2700米。

分　　布： 中国特有，产云南、贵州及广西。

图　　注： 1. 群落；2. 花正面观；3. 花侧面观。

Section 8

中 文 名： 林生凤仙花

学　　名： Impatiens lucorum Hook. f.

形态特征： 一年生草本。全株无毛。茎直立，柔弱。叶互生，叶片卵形，顶端尖，基部楔形，常具2枚腺体，边缘具粗圆齿，叶柄细，长1~2厘米。总花梗生于上部叶腋，丝状，向上2~3分叉，具1~3花，花期短于叶柄；花梗短，基部具苞片。花小，黄色，侧生萼片2枚，卵状心形，顶端具腺体；旗瓣扁圆形，基部和顶端二浅裂，中肋背面中部具小囊，呈外弯的小尖；翼瓣无柄，2裂，基部裂片圆形，上部裂片比基部裂片大2倍，倒卵形，背部的小耳齿状；唇瓣狭漏斗状，口部斜上，基部具内弯的细距。花丝短而宽，花药卵形，顶端尖。子房线形，直立，具5条绿色条纹。未成熟蒴果线形，顶端尖。

花 果 期： 花期8—9月。

生　　境： 生于水沟边或阴湿处，海拔800~2800米。

分　　布： 中国特有，产四川。

图　　注： 1. 居群；2. 花侧面观；3. 花正面观；4. 花枝。

Section 8

中 文 名： 大旗瓣凤仙花

学　　名： *Impatiens macrovexilla* Y. L. Chen

形态特征： 一年生草本。全株无毛。茎肉质，直立。叶互生，叶片长圆形或长圆状披针形，基部楔形，下延成1~2.5厘米长的叶柄，常具2枚球形腺体，边缘具圆齿。总花梗单生于上部叶腋，具2花，稀单花；花梗细，上部具苞片。花紫红色，长3.5~4.5厘米，侧生萼片2枚，绿色，宽卵形，边缘具细齿。旗瓣大，扁圆形或肾形，背面中肋具窄龙骨状突起；翼瓣无柄，2裂，基部裂片长圆形，上部裂片斧形，具三角状浅裂，背部具不明显的小耳；唇瓣窄漏斗形，口部斜上，先端具喙尖，基部渐狭成内弯的细距。花丝线形，花药顶端钝。子房纺锤形，直立，顶端具5~6小齿裂。蒴果长圆形，顶端具5~6齿裂。

花 果 期： 花期9—10月。

生　　境： 生于山谷阴处、林下或路边草地，海拔100~1640米。

分　　布： 中国特有，产广西。

图　　注： 1. 居群；2. 花侧面观；3. 花正面观；4. 花枝。

Section 8

中 文 名： 瑶山凤仙花（大旗瓣凤仙花变种）

学　　名： Impatiens macrovexilla Y. L. Chen var. yaoshanensis S. X.Yu, Y. L. Chen et H. N. Qin

形 态 特征： 一年生草本。全株无毛。茎肉质。叶互生，叶片长圆形或长圆状披针形，基部楔形，下延成1~2.5厘米长的叶柄，常具2枚球形腺体，边缘具圆齿。总花梗单生于上部叶腋，具2花，稀1花；花梗细，上部具苞片。花红色或紫红，侧生萼片2枚，绿色，宽卵形，边缘具细齿。旗瓣大，扁肾形，背面中肋具窄龙骨状突起；翼瓣无柄，2裂，基部裂片披针形，上部裂片斧形，背部具不明显的小耳；唇瓣窄漏斗形，口部斜上，先端具喙尖，基部渐狭成稍内弯的细距。花丝线形，花药顶端钝。子房纺锤形，直立，顶端具5~6小齿裂。蒴果长圆形，顶端具5~6齿裂。

花 果 期： 花期9—10月。

生　　境： 生于山谷阴处、林下或路边草地，海拔100~1640米。

分　　布： 中国特有，产广西和湖南。

图　　注： 1. 居群；2、4. 花正面观；3. 花侧面观。

Section 8

中文名： 浙皖凤仙花

学　名： Impatiens neglecta Y. L. Xu et Y. L. Chen

形态特征： 一年生草本。全株无毛。茎直立。叶互生，叶片膜质，长圆状卵形，基部楔形，边缘具粗锯齿，侧脉5~7对，叶柄长1.5~4厘米。总花梗粗，直立，生于上部叶腋，1花；花梗细，中上部具苞片。花淡紫色，长2.5~3.5厘米，侧生萼片2枚，卵状圆形，不等侧，顶端圆形，具小尖，中肋背面增厚，具狭翅；旗瓣宽卵形，顶端圆形，基部微心形，中肋背面具翅；翼瓣具柄，2裂，基部裂片椭圆形，上部裂片长圆形，背部具反折的月牙形小耳；唇瓣宽漏斗形，口部平展，先端尖，基部渐狭成内弯的距。花丝线形，花药卵形，顶端尖。子房线形。蒴果线状圆柱形。

花果期： 7—9月。

生　境： 生于山坡林下或溪边潮湿处，海拔1000~1200米。

分　布： 中国特有，产浙江和安徽。

图　注： 1. 花枝；2. 花各部解剖；3. 花正面观；4. 花侧面观。

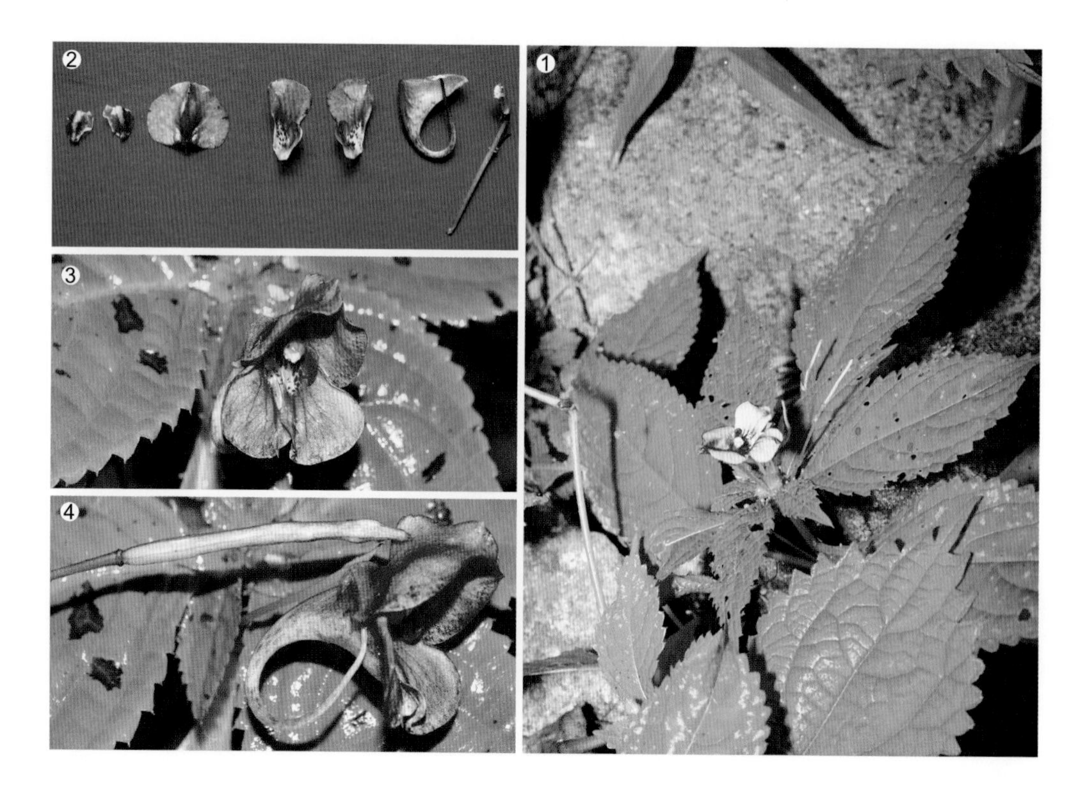

Section 8

中 文 名： 红雉凤仙花

学　　名： *Impatiens oxyanthera* Hook. f.

形态特征： 一年生草本。全株无毛。茎直立，细。叶互生，具短柄，或上部叶近无柄，叶片狭卵形，基部楔形，渐狭成1.5~3厘米长的叶柄，边缘具粗锯齿。总花梗生于上部叶腋，长于叶柄，而短于叶，纤细，具2花；花梗具苞片。花大，红色或淡紫红色；侧生萼片2枚，圆形或椭圆形；旗瓣圆形，中肋背面增厚，具龙骨状突起；翼瓣无柄，2裂，基部裂片圆形，较上部边缘突尖，上部裂片较长，狭斧形或马刀形，弯曲，顶端钝，背部具圆形小耳；唇瓣檐部近囊状漏斗形，口部斜升，基部狭成短于檐部而内弯的钝距，具红色条纹。花丝短，钻形；花药卵球形，顶端尖。子房纺锤形，直立，具5肋，顶端急尖。蒴果线形。

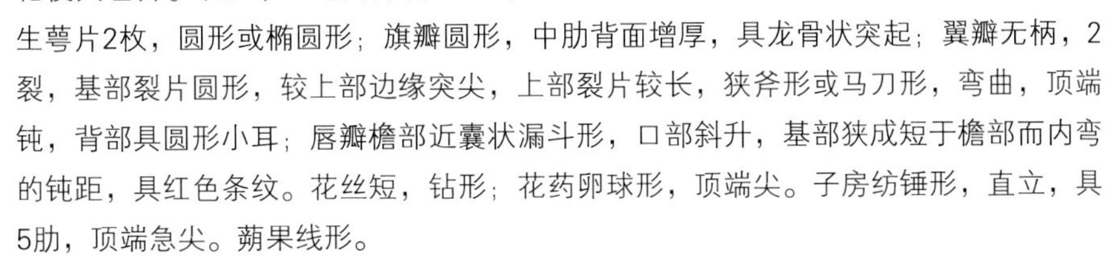

花 果 期： 花期9月。

生　　境： 生山坡林缘或路旁阴湿处，海拔1900~2200米。

分　　布： 中国特有，产四川和重庆。

图　　注： 1. 花枝；2、3. 花侧面观。

Section 8

中 文 名： 块节凤仙花

学　　名： *Impatiens pinfanensis* Hook. f.

形态特征： 一年生草本。茎细弱，基部匍匐。匍匐茎节部膨大成球状块茎。单叶互生，叶片卵形、长卵形或披针形，边缘具粗锯齿，叶面沿叶脉疏被极小肉刺，下部叶柄长，上部叶柄极短，长0.3~2厘米。总花梗腋生，仅1花，中上部具1枚狭长披针形小苞片；花红色，中等大，长约3厘米；侧生萼片2枚，椭圆形，长约0.5厘米，先端具喙；旗瓣圆形或倒卵形，背面中肋有龙骨状突起，先端具小尖头；翼瓣2裂，基部裂片圆形，先端钝，上部裂片斧形，先端圆；唇瓣漏斗状，基部下延为弯曲的细距；花药顶端尖。蒴果线形，具条纹。

花 果 期： 花期6—8月，果期7—10月。

生　　境： 生于海拔900~2000米的林下或沟边等潮湿环境。

分　　布： 中国特有，产贵州、重庆、广西、湖南及湖北。

图　　注： 1. 群落；2. 花侧面观；3. 花枝。

Section 8

中 文 名：柔毛凤仙花

学　　名：Impatiens puberula DC.

形态特征：一年生草本。茎直立，上部被柔毛。叶互生，具柄，叶片膜质，椭圆形或椭圆状披针形，顶端渐尖或长渐尖，基部楔形，渐狭成0.5~2.5厘米长的柄，边缘具圆齿。花梗近顶生或生于上部叶腋，基部具1枚钻形苞片，苞片被黄褐色柔毛，具1花，花蓝紫色，长3~3.5厘米；侧生萼片2枚，宽卵形，渐尖，疏被微毛；旗瓣圆形，背面中肋具显明的鸡冠状突起，突起上缘被微毛；翼瓣无柄，2裂，基部裂片小，圆形，上部裂片宽半倒卵形，唇瓣檐部锥状或漏斗状，基部狭成内弯的长距。花药顶端尖。蒴果线形，长2.5厘米，顶端具喙尖。

花 果 期：花期6—7月。

生　　境：生于林缘草丛中或林下，海拔2100~2500米。

分　　布：产西藏。尼泊尔、印度及不丹也有分布。

图　　注：1. 花枝；2. 花侧面观；3. 花正面观。

Section 8

中 文 名： 四裂凤仙花

学　　名： *Impatiens quadriloba* K. M. Liu et Y. L.Xiang

形态特征： 一年生草本。全株无毛。茎直立。叶互生，最上部叶近无柄，叶片卵形或卵状椭圆形，顶端具尾尖，基部宽楔形，边缘具圆齿。总花梗生于上部叶腋，短于叶柄，具1~2花；花梗基部具苞片。花黄色，长0.5~1厘米，侧生萼片2枚，宽卵形；旗瓣椭圆形，中肋背面稍增厚；翼瓣无柄，3裂（上部裂片2裂，3枚裂片大小近相当），基部裂片镰刀状，上部裂片倒心形，顶端2裂，裂凹处具小尖，背具反折的小耳。唇瓣檐部舟状，口部斜上，先端尖，基部渐狭成内弯的细距。花丝线形；花药宽卵形，顶端尖，子房纺锤形，直立，顶端具喙尖。蒴果线形，表面具瘤状纹饰。

花 果 期： 花期8—10月。

生　　境： 生于海拔1200~3500米的林下或山坡水沟边阴湿地草丛中。

分　　布： 中国特有，产四川。

图　　注： 1. 花枝；2、3. 花正面观。

Section 8

中 文 名：短喙凤仙花

学　　名：Impatiens rostellata Franch.

形 态 特征：一年生草本。全株无毛。茎直立。叶互生，下部叶的叶片狭卵形，顶端钝，基部楔形，渐狭成5~20毫米长的叶柄，边缘具圆齿状小锯齿。总花梗多数，生于上部叶腋，具2花；花梗短，结果时伸长，基部具苞片。花白色、粉红色、黄色或天蓝色，侧生萼片2枚，宽卵形，顶端尖或渐尖。旗瓣圆形或宽卵形，背面中肋增厚，中部具小囊或三角形鸡冠状突起；翼瓣无柄，2裂，基部裂片宽圆形，上部裂片长圆形或狭斧形，背部顶端以下圆形，具缺裂，背部具反折的窄小耳；唇瓣檐部宽漏斗状，舟状，口部平展，中下部至基部渐狭成长于檐部而旋卷的距。花丝短宽。子房纺锤形。蒴果线形或棒状，顶端尖。

花 果 期：花期7—8，果期9月。

生　　境：生于林缘或草丛中、路边阴湿处，海拔1600~2400米。

分　　布：中国特有，产四川。

图　　注：1. 植株；2、3. 花侧面观；4. 花正面观。

Section 8

中 文 名： 糙毛凤仙花

学　　名： Impatiens scabrida DC.

形态特征： 一年生草本。茎直立。叶互生，无柄或近无柄，叶片卵形或卵状披针形，顶端渐尖，基部近圆形，边缘具锐锯齿，齿端具腺体，侧脉7~9对，上面疏被短糙毛，下面被柔毛；叶柄基部有2枚球形腺体。总花梗短，单生于叶腋，具1~3花；总花梗、花梗和苞片均疏被黄褐色柔毛；苞片刚毛状或刚毛状披针形，顶端具长尖，宿存。花金黄色，长达2.5厘米，具紫红色斑点，侧生萼片2枚，卵形，疏被柔毛，顶端具小尖头；旗瓣宽圆形，中肋背面具绿色龙骨状突起，花芽时极明显；翼瓣无柄，2裂，基部裂片卵圆形，上部裂片近椭圆形，唇瓣宽漏斗状，基部急狭成1厘米长内弯的距。花药顶端钝。蒴果线形，无毛或疏被毛，顶端具喙尖。

花 果 期： 花期7—9月。

生　　境： 生于河边灌丛或林下阴湿处。

分　　布： 产西藏。尼泊尔、不丹也有分布。

图　　注： 1. 花枝；2. 花正面观；3. 花侧面观。

Section 8

中 文 名： 藏南凤仙花

学　　名： *Impatiens serrata* Benth. ex Hook. f. et Thoms.

形态特征： 一年生草本。全株无毛。茎纤细。叶互生，具柄，叶片膜质，卵状披针形，顶端尖或渐尖，基部宽楔形，边缘具锐锯齿，基部边缘具缘毛而无腺体。总花梗纤细，单生于叶腋，具2花或1花；花梗细，中部有刚毛状苞片；苞片绿色，宿存。花长10~15毫米，白色或浅黄色，具红色斑点，侧生萼片2枚，小，镰刀状；旗瓣宽椭圆形，中肋背面具狭龙骨状突起，顶端具小尖头；翼瓣无柄，2裂，基部裂片近圆形，上部裂片长圆状，镰刀形；唇瓣斜舟状，无距。花药顶端钝。子房纺锤形，顶端具5齿裂。蒴果线形，顶端具5裂。

花 果 期： 花期7—9月。

生　　境： 生于山坡林下或阴湿处，海拔2900~3300米。

分　　布： 产西藏。印度、尼泊尔及不丹也有分布。

图　　注： 1. 花枝。

Section 8

中 文 名： 泰顺凤仙花

学　　名： *Impatiens taishunensis* Y. L. Chen et Y. L. Xu

形态特征： 一年生草本。全株无毛。茎肉质，直立。上部叶互生，下部叶对生，叶片膜质，卵状披针形，边缘具粗锯齿，基部楔形，无腺体，叶柄长0.5~1厘米。总花梗具单花，单生于上部叶腋，中上部具1枚苞片，有时在对面有1枚刚毛状细小苞片。花粉红色，长约2.5厘米；侧生萼片2枚，卵圆形，全缘；旗瓣近圆形，背面中肋具狭龙骨状突起；翼瓣2裂，基部裂片卵状长圆形，上部裂片斧形，顶端圆形；唇瓣狭漏斗状，口部平展，基部渐狭成长而内弯的距；花丝线状，花药卵形，子房纺锤形。未成熟蒴果纺锤形，顶端具喙尖。

花 果 期： 花期4月。

生　　境： 生于山谷阴湿处，海拔120米。

分　　布： 中国特有，产浙江。

图　　注： 1. 花枝；2. 花正面观；3. 花侧面观。

Section 8

中 文 名： 独龙江凤仙花

学　　名： Impatiens taronensis Hand.–Mazz.

形态特征： 多年生草本。全株无毛。茎直立或斜升。叶互生，近无柄或具短柄，叶片长圆状卵形或披针形，基部狭楔形，渐狭成约5毫米长的叶柄，边缘具密或粗圆齿。总花梗生于上部叶腋，纤细，直立，具1~2花，稀3花；花梗线状，基部有苞片。花紫色，长2~3厘米；侧生萼片4枚，外面2枚，卵形，基部极斜，内面2枚，极小，线形，顶端具腺体；旗瓣圆形，无龙骨状突起；翼瓣无柄，2裂，基部裂片三角状圆形，上部裂片狭披针形，常短，2浅裂，背部具小耳；唇瓣檐部长漏斗形，口部极斜，先端具长小尖头，基部渐狭成短而细、直立或略弯、顶端小球形的距。花丝线形，花药顶端圆钝。子房纺锤形。蒴果线形。

花 果 期： 花期8—9月，果期10月。

生　　境： 生于海拔2800~3700米的亚高山溪边阴湿处或岩石上。

分　　布： 中国特有，产云南。

图　　注： 1、2、3. 花侧面观。

Section 8

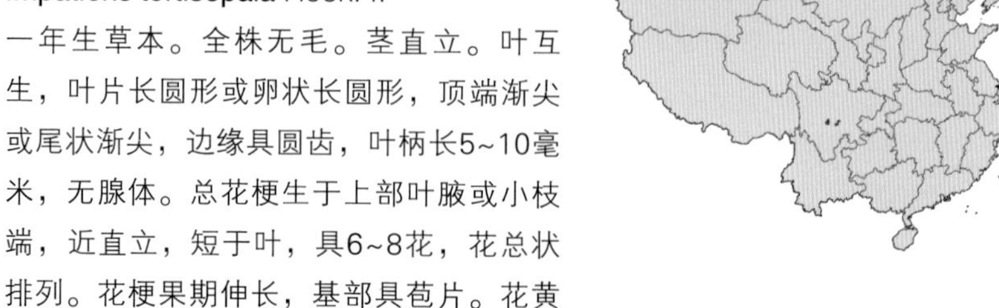

中 文 名： 扭萼凤仙花

学　　名： Impatiens tortisepala Hook. f.

形态特征： 一年生草本。全株无毛。茎直立。叶互生，叶片长圆形或卵状长圆形，顶端渐尖或尾状渐尖，边缘具圆齿，叶柄长5~10毫米，无腺体。总花梗生于上部叶腋或小枝端，近直立，短于叶，具6~8花，花总状排列。花梗果期伸长，基部具苞片。花黄色，长4厘米，侧生萼片2枚，膜质，肾状圆形，扭曲，顶端几达脐部；旗瓣圆肾形，背面中肋增厚，具龙骨状突起；翼瓣具宽柄，2裂，基部裂片圆形，上部裂片斧形，背部具反折的小耳，具紫色斑点；唇瓣檐部囊状，口部斜上，基部急狭成内弯而顶端棍状的距。花丝短而宽，花药卵球形。子房纺锤形，直立，顶端尖，蒴果线形，长4~5厘米，顶端具喙尖。

花 果 期： 花期8—9月。

生　　境： 生于海拔1500~2900米的山谷阴湿处。

分　　布： 中国特有，产四川。

图　　注： 1. 花枝；2. 花侧面观；3. 花正面观。

Section 8

中 文 名： 单花凤仙花

学　　名： Impatiens uniflora Hayata

形态特征： 一年生草本。茎直立，具翅。叶互生，叶片卵形，椭圆形至披针状椭圆形，边缘具锯齿，叶柄长0.3~2厘米。花单生，稀双生，腋生或顶生，淡红紫色、淡紫色或白色，花冠内面有淡紫色或黄色斑点，总花梗长3~5厘米，花梗细，常疏被糙短毛，基部具2枚苞片。侧生萼片2枚，卵形或斜卵形；旗瓣近肾形，中肋背面增厚，具狭龙骨状突起，先端具尾状突尖；翼瓣无柄，3裂，基部裂片长圆形，上部裂片较大，长圆状斧形，具短裂片，顶端急尖；唇瓣囊状，口部平展，先端突尖，基部渐狭成内弯的距。花丝扁平，花药卵形，顶端具尾尖。子房纺锤形，顶端具喙尖。蒴果线形，顶端具喙尖。

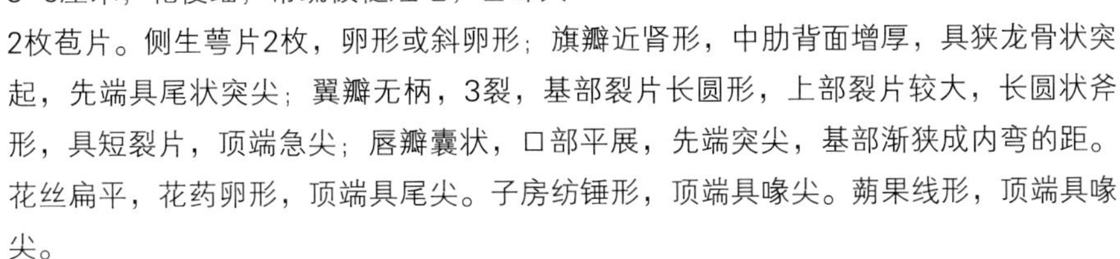

花 果 期： 花期6—10月。

生　　境： 生于海拔1600~3000米的松林山坡或草坡。

分　　布： 中国特有，产台湾。

图　　注： 1. 花枝；2. 花正面观；3. 花侧面观。

Section 8

中文名： 德浚凤仙花

学　　名： Impatiens yui S. H. Huang.

形态特征： 一年生草本。茎直立，被微柔毛。叶互生，叶片卵状椭圆形，顶端渐尖，基部楔形，边缘具圆齿。花序由上部叶腋发出，具2花；花柄近顶端具苞片，苞片卵状披针形，具柔毛，早落。花粉红色或淡紫色；侧生萼片2枚，斜宽卵形，顶端具短尖头；旗瓣扁圆形，顶端具喙，背面中肋具龙骨状增厚；翼瓣无柄，2裂，基部裂片卵形，上部裂片大，宽斧形；唇瓣漏斗状，基部延伸成稍内弯的距；雄蕊5，花丝扁平，花药顶端钝；子房线形。蒴果线状圆柱形。

花果期： 花期8—10月，果期9—11月。

生　　境： 喜阴湿环境，生于海拔1800~2000米的山谷、林缘或水沟旁湿处。

分　　布： 中国特有，产云南。

图　　注： 1. 花枝；2、3. 花正面观；4. 果实；5. 花侧面观。

中文名索引

B

白花凤仙花 49, 52, 84
版纳凤仙花 183
棒凤仙花 14, 41, 42, 51, 75
包氏凤仙花 184
抱茎凤仙花 53, 106
贝苞凤仙花 66, 149
波缘凤仙花 68, 180
玻璃翠 4, 5

C

糙毛凤仙花 69, 70, 200
槽茎凤仙花 45, 54, 65, 142
草莓凤仙花 52, 54, 65, 118
侧穗凤仙花 48, 56, 124
长梗凤仙花 54
长角凤仙花 47, 66, 152
长翼凤仙花 175
匙叶凤仙花 35, 51, 82
齿萼凤仙花 50, 159
赤水凤仙花 74
川西凤仙花 53, 182

D

大旗瓣凤仙花 14, 15, 26, 45, 47, 52, 53, 69, 192, 193
大叶凤仙花 48, 49, 50, 51, 53, 61, 72
单花凤仙花 69, 205
淡黄绿凤仙花 53, 112
德浚凤仙花 206
滇南凤仙花 44, 48, 50, 52, 53, 66, 150
滇水金凤 3, 65, 147
滇西北凤仙花 67, 165
顶喙凤仙花 42, 47, 68, 172
东北凤仙花 119
独龙江凤仙花 203
短喙凤仙花 199
多角凤仙花 133
多脉凤仙花 92

E

峨眉凤仙花 61, 78
耳叶棒凤仙花 51, 61, 73
耳叶凤仙花 42, 53, 68, 173

F

梵净山凤仙花 50
丰满凤仙花 41, 48, 49, 50, 90
封怀凤仙花 117
凤仙花 2, 4, 48, 49, 50, 52, 53, 64, 96
辐射凤仙花 137
腹唇凤仙花 162

G

高黎贡山凤仙花 50, 111
高山凤仙花 43, 68, 178
贡山凤仙花 42, 47, 98
牯岭凤仙花 47, 158
管茎凤仙花 42, 47, 61, 83
贵州凤仙花 76

H

哈氏凤仙花……120
海南凤仙花……50, 86
横断山凤仙花……99
红纹凤仙花……45, 49, 66, 153
红雉凤仙花……50, 195
湖北凤仙花……23, 24, 41, 61, 80
湖南凤仙花……30, 50, 66, 151
花叶凤仙花……4
华凤仙……8, 41, 42, 47, 49, 52, 53, 55, 64, 97
华丽凤仙花……47, 187
黄金凤……50, 141
黄麻叶凤仙花……49, 53, 156
黄头凤仙花……48
喙萼凤仙花……67, 157

J

睫苞凤仙花……52
睫毛萼凤仙花……69, 185
金凤花……15, 45, 114
金黄凤仙花……47, 105
近无距凤仙花……42,49
井冈山凤仙花……122
九龙凤仙花……42
九龙山凤仙花……123
具角凤仙花……109

K

卡地凤仙花……100
康定凤仙花……67, 169
块节凤仙花……41, 196
宽距凤仙花……58, 67, 167
阔苞凤仙花……174
阔萼凤仙花……45, 132

L

蓝花凤仙花……43, 45, 113
澜沧凤仙花……50, 134
棱茎凤仙花……10, 49, 50, 63, 85
镰瓣凤仙花……188
镰萼凤仙花……116
裂萼凤仙花……50, 63, 88
裂距凤仙花……161
林生凤仙花……191
林芝凤仙花……45
菱叶凤仙花……49
瘤果凤仙花……53, 146
柳叶菜状凤仙花……41
龙州凤仙花……14, 16, 47, 50, 52, 53, 56, 63, 89
陇南凤仙花……69
路南凤仙花……50
绿萼凤仙花……20,49,64
罗平凤仙花……68, 179

M

麻栗坡凤仙花……51, 61, 77
毛萼凤仙花……56, 64, 103
毛凤仙花……190
米林凤仙花……43, 45, 53, 130
缅甸凤仙花……42, 48, 52, 95
墨脱凤仙花……48, 127

N

那坡凤仙花……48, 52, 53, 64, 101
南迦巴瓦凤仙花……166
扭萼凤仙花……40, 42, 47, 49, 204

P

凭祥凤仙花……16, 17, 63, 91

Q

奇异凤仙花……42, 48,50
荨麻叶凤仙花……170
青城山凤仙花……81

R

髯毛凤仙花……155
柔茎凤仙花……48
柔毛凤仙花……47, 50, 197

锐齿凤仙花……49, 154
瑞丽凤仙花……139

S

森地凤仙花……65, 143
疏花凤仙花……125
双角凤仙花……45, 49, 65, 108
水凤仙花……48, 54, 107
水角……42,49
水金凤……2, 3, 32, 68, 176
斯氏凤仙花……140
撕裂萼凤仙花……164
四裂凤仙花……198
松林凤仙花……131
苏丹凤仙……4, 5

T

太子凤仙花……181
泰凤仙花……17
泰顺凤仙花……202
天目山凤仙花……145
天全凤仙花……45
条纹凤仙花……67, 171
同距凤仙花……121

W

微绒毛凤仙花……102
维西凤仙花……48, 49
无距凤仙花……126
吴氏凤仙花……104

X

西藏凤仙花……42, 53
西固凤仙花……177
细梗凤仙花……45
纤袅凤仙花……53, 189
线萼凤仙花……62, 87
小萼凤仙花……43, 79
小距凤仙花……49, 128
小穗凤仙花……129
新几内亚凤仙花……4

Y

鸭跖草状凤仙花……14, 69, 186
岩生凤仙花……93
瑶山凤仙花……18, 33, 193
药山凤仙花……148
野凤仙花……144
异型叶凤仙花……160
翼萼凤仙花……45

Z

藏南凤仙花……19, 49, 201
窄萼凤仙花……62, 94
窄花凤仙花……48
浙江凤仙花……110
浙皖凤仙花……194
直角凤仙花……138
中州凤仙花……163
重瓣凤仙花……4
舟状凤仙花……65, 115
紫萼凤仙花……67, 168
紫花凤仙花……135
总状凤仙花……53, 136

拉丁名索引

Hydrocera triflora 42,49

A

Impatiens alpicola 181
Impatiens amplexicaulis 53, 106
Impatiens angulata 10, 49, 50, 63, 85
Impatiens apalophylla 48, 49, 50, 51, 53, 61, 72
Impatiens apsotis 53, 182
Impatiens aquatilis.................................48, 54, 107
Impatiens arguta..49, 154
Impatiens aureliana.............................42, 48, 52, 95
Impatiens auriculata..................................51, 61, 73

B

Impatiens balsamina...... 2, 4, 48, 49, 50, 52, 53, 64, 96
Impatiens bannanensis.......................................183
Impatiens barbata...155
Impatiens bicornuta..........................45, 49, 65, 108
Impatiens blepharosepala 69, 185
Impatiens bodinieri 184
Impatiens bracteata 52

C

Impatiens ceratophora..109
Impatiens chekiangensis.....................................110
Impatiens chimiliensis 50, 111
Impatiens chinensis....... 8, 41, 42, 47, 49, 52, 53, 55, 64, 97
Impatiens chishuiensis 74
Impatiens chiulungensis.......................................42
Impatiens chlorosepala.............................20, 49, 64
Impatiens chloroxantha 53, 112
Impatiens claviger................................41, 42, 51, 75
Impatiens commellinoides 14, 69, 186
Impatiens compta..............................42, 47, 68, 172
Impatiens conchibracteata 66, 149
Impatiens corchorifolia 49, 53, 156
Impatiens cornutisepala 67, 157
Impatiens cristata 42, 53
Impatiens cyanantha..............................43, 45, 113
Impatiens cyathiflora 15, 45, 114
Impatiens cymbifera 65, 115

D

Impatiens davidi...47, 158
Impatiens delavayi 42, 53, 68, 173
Impatiens dicentra 50, 159
Impatiens dimorphophylla 160
Impatiens drepanophora 116
Impatiens duclouxii..........44, 48, 50, 52, 53, 66, 150

E

Impatiens epilobioides..41

F

Impatiens faberi..47, 187
Impatiens falcifer 188
Impatiens fanjingshanensis 50
Impatiens fenghwaiana 117
Impatiens fissicornis 161

Impatiens fragicolor……52, 54, 65, 118
Impatiens furcillata……119

G

Impatiens gasterocheila……162
Impatiens gongshanensis……42, 47, 98
Impatiens gracilis……45
Impatiens guizhouensis……76

H

Impatiens hainanensis……50, 86
Impatiens harai……120
Impatiens henanensis……163
Impatiens hengduanensis……99
Impatiens holocentra……121
Impatiens hunanensis……30, 50, 66, 151

I

Impatiens imbecilla……53, 189

J

Impatiens jinggangensis……122
Impatiens jiulongshanica……123

K

Impatiens kamtilongensis……100
Impatiens kerriae……17

L

Impatiens lacinulifera……164
Impatiens lasiophyton……190
Impatiens latebracteata……174
Impatiens lateristachys……48, 124
Impatiens laxiflora……125
Impatiens lecomtei……67, 165
Impatiens linearisepala……62, 87
Impatiens lingzhiensis……45
Impatiens lobulifera……50, 63, 88
Impatiens longialata……175
Impatiens longicornuta……47, 66, 152
Impatiens lucorum……191
Impatiens lulanensis……50

M

Impatiens macrovexilla……15, 26, 45, 47, 52, 53, 69, 192
Impatiens macrovexilla var. yaoshanensis……18, 33, 193
Impatiens malipoensis……51, 61, 77
Impatiens margaritifera……126
Impatiens medogensis……48, 127
Impatiens microcentra……49, 128
Impatiens microstachys……129
Impatiens morsei……16, 47, 50, 53, 63, 89

N

Impatiens namchabarwensis……166
Impatiens napoensis……48, 52, 53, 64, 101
Impatiens neglecta……194
Impatiens noli-tangere……32, 68, 176
Impatiens notolophora……177
Impatiens nubigena……43, 68, 178
Impatiens nyimana……43, 45, 53, 130

O

Impatiens obesa……41, 48, 49, 50, 90
Impatiens omeiana……61, 78
Impatiens oxyanthera……50, 195

P

Impatiens paradoxa……42, 48, 50
Impatiens parvisepala……43, 79
Impatiens pinetorum……131
Impatiens pinfanensis……41, 196
Impatiens pingxiangensis……16, 63, 91
Impatiens platyceras……58, 67, 167
Impatiens platychlaena……67, 168
Impatiens platysepala……45, 132
Impatiens poculifer……68, 179
Impatiens polyceras……133
Impatiens polyneura……92

Impatiens potaninii ············69
Impatiens principis ············50, 134
Impatiens pritzelii ············24, 41, 61, 80
Impatiens pterosepala ············45
Impatiens puberula ············47, 50, 197
Impatiens purpurea ············135

Q

Impatiens qingchengensis ············81
Impatiens quadriloba ············198

R

Impatiens racemosa ············53, 136
Impatiens radiata ············137
Impatiens rectangula ············138
Impatiens rhombifolia ············49
Impatiens rostellata ············199
Impatiens rubro-striata ············45, 49, 66, 153
Impatiens ruiliensis ············139
Impatiens rupestris ············93

S

Impatiens scabrida ············69, 70, 200
Impatiens scullyi ············140
Impatiens serrata ············19, 49, 201
Impatiens siculifer ············50, 141
Impatiens soulieana ············67, 169
Impatiens spathulata ············35, 51, 82
Impatiens stenantha ············48
Impatiens stenosepala ············62, 94
Impatiens subecalcarata ············42,49
Impatiens sulcata ············45, 54, 65, 142
Impatiens sunkoshiensis ············65, 143

T

Impatiens taishunensis ············202
Impatiens taronensis ············203
Impatiens tenerrima ············48
Impatiens textori ············144
Impatiens tienchuanensis ············45
Impatiens tienmushanica ············145
Impatiens tomentella ············102
Impatiens tortisepala ············40, 42, 47, 49, 204
Impatiens trichosepala ············56, 64, 103
Impatiens tuberculata ············53, 146
Impatiens tubulosa ············42, 47, 61, 83

U

Impatiens uliginosa ············3, 65, 147
Impatiens undulata ············68, 180
Impatiens uniflora ············69, 205
Impatiens urticifolia ············170

V

Impatiens vittata ············67, 171

W

Impatiens walleriana ············5
Impatiens weihsiensis ············48, 49
Impatiens wilsonii ············49, 52, 84
Impatiens wuchengyii ············104

X

Impatiens xanthina ············47, 105
Impatiens xanthocephala ············48

Y

Impatiens yaoshanensis ············148
Impatiens yui ············206

参考文献

Akiyama, S., Fujihashi, H. 2002. Morphological and chromosomal diversification and phylogeny of the genus *Impatiens* (Balsaminaceae) in the Sino–Himayayan region. In Noshiro, S. & K.R.Rajbhandari (eds.), *Himalayan Botany in the Twentieth and Twenty–first Centuries.* The Society of Himalayan Botany Tokyo. 99–104.

Akiyama, S., Ohba, H. 2000. Inflorescences of the Himalayan species of *Impatiens* (Balsaminaceae). *J. Jap. Bot.* 75: 226–240.

Akiyama, S., Ohba, H., Sugawara, T., Yang, Y. P. & Murata, J. 1995. Notes on *Impatiens* (Balsaminaceae) from southwestern Yunnan, China. *J. Jap. Bot.* 70: 95–106.

Akiyama, S., Wakabayashi, M., Ohba, H. 1992. Chromosome evolution in Himalayan *Impatiens* (Balsaminaceae). *Bot. J. Linn. Soc.* 109: 247–257.

Chen, Y. L., Akiyama, S., Ohba, H. 2007. Balsaminaceae. In: Wu Z. Y, Raven PH (eds.) Flora of China. Beijing: Science Press; St. Louis: Missouri Botanical Garden Press. 12: 43–113.

Grey–Wilson, C. 1980. *Impatiens* of Africa. Rotterdam: A. A. Balkema.

Hooker, J. D. & Thompson, T. 1859. Praecursores ad floram Indicam. Balsaminaceae. Bot. *J. Linn. Soc.* 4: 106–157.

Hooker, J. D. 1875. Flora of British India. Kent. L. Reeve & Co. Ltd. 440–483.

Hooker, J. D. 1908. Hooker’ s icons plantarum. London. Dulau & Co., Ltd. 2851–2875.

Hooker, J. D. 1908b. Les especes du genre “*Imaptiens*” dans l’ herbier du Museum de Paris. *Nov. Arch. Mus. Nat. Hist. Paris.* Ser. 4. 10: 233–272.

Hooker, J. D. 1909. On some species of *Impatiens* from Indo–China and the Malayan peninsula. *Bull. Miscell. Inform.* 1–12.

Hooker, J. D. 1910. Hooker’ s icons plantarum. London. Dulau & Co., Ltd. 2901– 2925.

Hooker, J. D. 1911. Hooker’ s icons plantarum.London.Dulau & Co., Ltd. 2926–2950.

Janssens, S., Geuten, K., Yuan, Y. M, Song, Y, Küpfer, P., Smets, E. 2006. Phylogenetics of *Impatiens* and *Hydrocera* (Balsaminaceae) Using Chloroplast atpB–rbcL Spacer Sequences. *Syst. Bot.* 31: 171–180.

Linnaei, C. 1753. Species Plantarum. 2: 937–938. Holmiae, Impensis Larurentii Salvii.

Shimizu, T. 1979. A comment on the limestone flora of Thailand, with special reference to *Impatiens*. *Acta Phytotaxon. Geobot.* 30: 180–188.

Soltis, D. E., Soltis, P. S., Endress, P. K., Chase, M. W. 2005. Phylogeny and evolution of angiosperms. Sunderland. Sinauer Associates, Inc. Publishers.

Song, Y, Yuan, Y. M, K ü pfer P. 2003. Chromosomal evolution in Balsaminaceae with cytological observations on 45 species from Southeast Asia. *Caryologia*. 56: 463–481.

Song, Y., Yuan, Y. M., Kupfer, P. 2005. Seedcoat micromorphology of *Impatiens* (Balsaminaceae) from China. *Bot. J. Linn. Soc.* 149: 195–208.

Warburg, O. & Reiche, K. 1895. Balsaminaceae. Pp. 383–392 in: Engler, H. G. A. & Prantl, K. A. E. (eds.), Die Nat ü rlichen Pflanzenfamilien, Teil 3, Abteil. 5. Wilhelm

Yuan, Y. M., Song, Y., Geuten, K., Rahelivololona, E., Wohlhauser, S., Fischer, E., Smets, E., K ü pfer, P. 2004. Phylogeny and biogeography of Balsaminaceae inferred from ITS sequence data. *Taxon* 53: 391–403.

陈艺林. 1978. 国产凤仙花属植物的研究. 植物分类学报. 16:36–55.

陈艺林. 2001. 中国植物志47(2). 北京: 科学出版社. 1–243.

鲁迎青. 1991. 凤仙花属种子形态及其在分类学上的意义. 植物分类学报. 29: 252–257.

韦发南. 1991. 凤仙花科. In: 广西植物研究所编. 广西植物志(1). 南宁: 广西科学技术出版社. 582–587.

吴征镒等. 2003. 中国被子植物科属综论. 北京: 科学出版社. 764–766.

于胜祥. 2008. 广西凤仙花属植物分类学修订. 博士论文. 中国科学院植物研究所. 北京.

致谢

本书的出版首先感谢曲阜师范大学生命科学学院侯元同教授帮助审稿并提出诸多宝贵意见，感谢张晓霞帮助制作地理分布图。感谢陈艺林、覃海宁两位老师的指导与大力支持!

衷心感谢在本书编写过程中给予支持和提供图片的老师、同学及朋友，他们是中科院植物所李振宇、张宪春、金效华、高天刚、向巧萍、王锦秀、陈又生、高贤明、陈彬、马欣堂、付连中、张金龙、韩保财、刘冰、张彩飞、刘博、叶建飞、赖阳均、徐克学，华南植物园邓云飞，《国家地理》杂志社王辰，西南师范大学何海，西藏大学曾秀丽，贵州中医学院何顺志，峨眉山生物站李策宏，北京林业大学沐先运，都江堰林业局朱大海，庐山植物园梁同军，广西植物所刘演、许为斌、蒋日宏、黄俞淞、温放，广西药用植物园余丽莹、彭玉德，广西中医药研究院黄云峰，湖南吉首大学张代贵、湖南师范大学丛以艳，中南林业科技大学喻勋林，成都生物所张良，杭州师范大学金孝锋，河南科技学院周修任，以及杨奕绯、刘晔、谭运洪、吴国晞、王越、叶喜阳、周晓、彭鹏、冯虎元等。

感谢北京大学出版社的大力支持。

于胜祥

2012年5月于北京香山